コウノトリの贈り物

生物多様性農業と
自然共生社会を
デザインする

鷲谷いづみ［編］

MANY SPECIAL GIFTS FROM STORKS

地人書館

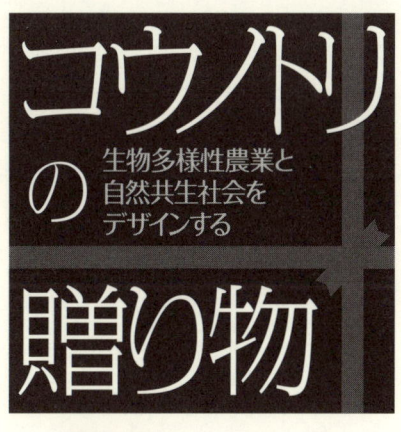

まえがき

北極の氷が溶けてシロクマの生活域が縮小していることを伝える映像が流れる一方で、猛暑による熱中死のニュースが報道されるなど、地球温暖化は、次第に人々の実感を伴う現実となってきました。科学的な予測によれば、二酸化炭素など温暖化ガスの排出を少なくとも現在の半分にしなければ、気候を安全な範囲に安定させることができないとされています。「緩和策」と呼ばれる排出削減の対策をその程度まで進めたとしても、温暖化に伴う海面上昇や異常気象による災害の多発を避けることはできず、従前の気候を前提につくられている様々なシステムを今後の気候変動のもとで適切に機能するものに変更する「適応策」の計画・実行に、早急に取り組まなければなりません。

人間活動の影響による急激で広範な自然環境の変化は、温暖化だけではありません。人間活動、とりわけ、農業における農薬や肥料の使用に由来する「汚染」の問題は、温暖化に比べてずっと実感することが難しいものですが、広範で深刻な影響が様々な科学的なデータによって明らかにされつつあります。その一例を紹介してみましょう。

中米のコスタリカの山岳地帯の保護区において、一九八〇年代の終わり頃にオレンジヒキガエルをはじめとする二十種近いカエルが一斉に絶滅したことは、人間活動がもたらしつつある現代の大絶滅を象徴する出来事として、強く人々の関心を引きました。これがきっかけの一つとなり、「カエルが消える」謎を解く科学的な探求が始まり、それは今も続けられています。一連の研究・調査の結果、コスタリカでの一斉絶滅は、オゾン層が薄くなり紫外線が強くなったことの影響、ツボカビ病、さらに温暖化による異常気象が相乗的に作用して生じた出来事と理解されました。しかし、最近になって、それらに加えて、農薬の影響が強く疑われるようになりました。

トロント大学の化学者ダリーらは、コスタリカの農業地帯に近い低地と自然保護区のある高地において、空気中および土壌中の農薬の濃度を測定しました。すると、空気中の農薬濃度は、農薬が使われる農地のある低地で高いものの、土壌中の農薬濃度は、むしろ標高二五〇〇メートル以上の高地において、低地の数倍から一桁以上も高いことがわかりました。例えば、水生生物に対して強い毒性を持つ抗菌剤のクロロサロニルについては低地の五倍、殺虫剤のエンドサルファンについては一〇倍以上も高い測定値が得られたのです。暖かい低地ではこれらの農薬は気体状ですが、それが偏西風に乗って高地に運ばれると、温度低下に応じて雨や霧とともに土壌中に降り注ぎ、土壌に蓄積します。これが、人間活動が厳しく制限されている高地の保護区の土壌が低地より農薬による汚染が激しいことの理由です。このようなことは、コスタリカに限ったことではありません。米国カルフォルニア州でも、農薬が高地に運ばれてカエルに影響を与えたことを示唆するデータが得られています。

これらの例がその一端を示すように、農薬汚染は、農地の中や生産された作物だけではなく、極めて広範な範囲において影響を及ぼしていることが明らかになってきました。どうやら化学物質は、大気や水の循環に乗って運ばれ、使用された場所から遠く離れた場所で、また、他の要因と相乗的に作用することにより、感受性の高い生物の絶滅をもたらし、生態系に様々な深刻な影響を与えつつあるようです。慢性的な健康被害など、人間への影響についても様々な懸念があることは、ここで述べるまでもありません。

近代農業において、農薬と共に農地に投入される化学肥料の効果も、農地だけにとどまるものではありません。化学肥料が原因の相当部分を占める富栄養化は、世界中で湖沼や沿岸域の生態系を変化させています。最も顕著な例が、毎年夏になるとメキシコ湾に広大な面積で広がる酸素濃度の低い「死の海域」です。その解決に向けて、同湾に注ぐミシシッピー川上流域の農業における肥料投入の低減に加えて、農地と河川の間に緩衝帯として湿地を再生することなどが計画されています。

温暖化の原因となる炭素循環の変化をもたらす人間活動は多岐にわたり、産業から生活まで様々な面で従来の人間活動の変更が必要です。それに対して、農薬や栄養塩による汚染は、農薬や化学肥料を多用する近代的農業がもたらすものです。農業のもたらす環境負荷をどのようにして低減させるかは、温暖化対策と共に、ヒトを含む地球上のすべての生物にとって死活問題とも言える重大な問題です。日本では、水田の湿地としての役割をいかに回復させるかが重要な課題となります。

一方、都市への人口集中と高齢社会の到来が重なり、日本では、地方の地域コミュニティーの維持が困難を極める時代となってきました。環境負荷の少ない農業への転換をコミュニティーの維持や再生と結びつけて進めることは、地域における持続可能な社会の構築にとって最も重要な課題となっています。その際、それぞれの地域に固有な自然と文化を尊重し、それを誇りとする心を取り戻すこと、すなわち、「自然との共生」を意識化することが重要です。

東京大学21世紀ＣＯＥ生物多様性生態系再生研究拠点は、持続可能な自然共生社会の構築に向けた自然科学から人文社会科学まで含む、広範な実践的研究に取り組んできました。本書は、その研究成果を活かした大学院教育プログラムの一環として実施した研究拠点主催のシンポジウムも兼ねた演習「生物多様性と農業」のテキストとして、講師の皆さんにご執筆いただいたものです。さらに、二〇〇六年度の同演習と密接な関係を持って開催された全農主催の「第三回田んぼの生きもの調査全国シンポジウム」のパネルディスカッションの内容を、関係者の皆さんのご厚意によって加えさせていただきました。この本をお読みいただくことで、地域の自然に対する深い理解に基づいて進められている自然と共生する社会づくりと生物多様性農業の先導的な事例について、その思想や具体的な実践を知っていただくことができればと思っています。それらは、先に述べた現代の課題に正面から応える取り組みとしてもたいへん意義の大きいものばかりです。

現代は、人間活動がもたらした環境変化が、地球規模においても、地域においても、取り返しのつかない限界値を越えそうな、人類史の特異点とも言える時代です。今、どのような政策とライフスタイルを選ぶかに応じて、数十年後の未来、すなわち私たちの子や孫の時代が、想像したくないほど暗いものになるか、希望に満ちた輝く時代になるかが決まります。今、私たちが何をするかで、非常に広いスペクトルの近未来がありうるのです。

編者が執筆した序章には、そのスペクトルのうち、生物多様性農業や自然と共生する社会づくりがこの日本でいち早く定着した場合に訪れる「明るい未来」をできるだけ具体的にお伝えするため、五〇年後のある少女の一日を小説風に描いてみました。それは、現在の私たちの実践の意味を確かめるための思考実験の「環境ＳＦ」とも言うべきもの、と考えています。それ以降の章に紹介されている新しい価値観や実践が広がれば、そのような未来は夢物語ではなく、現実になるはずです。明るい未来像の実現につながる現在の農業や地域づくりの先進的な取り組みを、執筆者の皆さんは、それぞれの信念や見識や経験を力強い筆致で記してくださいました。そのおかげで本書は、そのタイトル「コウノトリの贈り物」にふさわしく、希望への処方箋になりました。本書は、今年度に五年間の活動を経て、次の段階に進もうとしている東京大学の私たち「研究グループ」からの、新しい実践に取り組んでいらっしゃる方たちへの声援でもあり、また日本の社会全体へのメッセージです。

鷲谷いづみ

◉目次

コウノトリの贈り物

生物多様性農業と自然共生社会をデザインする

第四章　北海道版「ふゆみずたんぼ」をつくりたい
――いのちの見える食と文化の回復へ、食堂業の試み　庄司昭夫

第五章　北海道における「いのち育む有機稲作」の可能性　稲葉光國

執筆者へのファンレター～著者紹介に代えて　菊池玲奈

座談会　コウノトリと豊岡の農業を語る

序章　コウノトリの贈り物
――二〇五七年の「自然共生社会記念日」に

東京大学大学院農学生命科学研究科教授　鷲谷いづみ

二〇五七年五月二〇日、ある町のミュージアムにて

五月晴れのその日、真理ちゃんは学校のお友達といっしょに町のナチュラルヒストリーミュージアムに出かけることになっていました。その博物館は、海に続く塩水湖、汽水湖、淡水湖がつながってできた大きな湖の片側一面にヨシ原とオギ原、そしてそれに連なる水田地帯が広がる町外れにあります。お母さんに、「自分の足で歩いて行きなさい、運動しないと体に悪いわよ」と言われたので、モビルエイド（個人用移動具）は使わず、一時間ほどの道のりをしっかりと地に足をつけて歩いていくことにしました。途中で、同級生の和彦君と落ち合い、学校の前からは、田植えが済んだばかりの田んぼの中の歩道をまっすぐ博物館に向かいました。和彦

君は、同級生といっても、半分だけの同級生で、両親の仕事の都合で週三日間だけこの町で暮らし、それ以外は東京暮らしをしています。

田んぼの縁の小川では、お馴染みのコウノトリたち数羽が餌をとっていました。学校の裏山には、雑木林と松林があり、大きな松の木何本かの上にはコウノトリの巣があります。そのうちの一つでごく最近にひなが誕生したことを真理ちゃんは知っています。教室にある最新型の一二〇インチのリアルタイム「生きモニ」ビジョンで、ときどき巣の様子を観察しているからです。その装置は、ビジュアルな生き物モニタリング（省略形が「生きモニ」）を遠隔的に楽しむため、日本中の学校の教室に一台か二台は備えられています。「生きモニ」は、子ども、大人を問わず、日常的な娯楽活動の主要なものになっていて、それを支援する装置は様々なものが開発されています。このビジョンは、観察対象に影響を与えることのない微小なカメラを対象地にいくつも設置して、いろいろな角度、いろいろな倍率で対象の映像を見たり、画像の解析をする装置です。

実物に触れる素晴らしさ

「生きモニ」ビジョンでの観察はそれなりに興味深いものですが、自分の目で直接見たり、声を聞いたり、触ったりするほどワクワクすることはありません。先週は、ミュージアムで麻酔されて眠っている若いツキノワグマの掌のプクプクした肉球に触らせてもらいました。そのクマは、間違って山から下りてきてしまったのですが、眠らせ、二度と町の近くに出てこないように、最新の動物心理学的技術を使って睡眠中にやさしく諭した後に山に返されました。

今日は、ミュージアムの研究員が真理ちゃんたちを実際のコウノトリの巣の観察に連れて行ってくれることになっているのでとても楽しみです。けれどもその前に、「自然共生社会」レクチャーを受けることになっています。

真理ちゃんたちは、何羽ものコウノトリやサギやトキの姿を水田や青空に見かけるたびに立ち止まりながら歩いたのですが、思ったより早くミュージアムに到着しました。壁の一面がスクリーンになったレクチャールームには、すでに五〇名ほどの子どもたちが集まっていました。真理ちゃんのようにこの町にずっと住んでいる子もいれば、和彦君のように週に二~三日だけこの町に来る子もいます。たまたま、見学旅行でやってきた、初めて会う子もいます。一番前の列には、自動翻訳ヘッドフォンをつけた外国の子どもが五名ほど、引率の大人といっしょに座っていました。

レクチャーをしてくれるのは「自然共生社会史」を専門とする七十歳代の女性研究員、とても若々しく元気のよいみどり先生です。いつも愉快そうにしていて、この土地独特の魅力的な訛りで勢いのあるおもしろいお話をしてくれます。真理ちゃんは、その影響で、大学で自然共生社会史か保全生態学を学び、このミュージアムか、もしそれが無理であれば、他の土地の似たようなミュージアムに勤めることができればと密かに願っています。

この町のナチュラルヒストリーミュージアムには、鳥や虫や獣や植物や星や地形などを専門に研究する研究員もいれば、人と自然との関わり、つまり、生物多様性について人文社会科学など、様々な角度から研究する研究員もいます。生物多様性と生態系の保全や自然再生について総合的な視点を持って研究する保全生態学の研究者は、二十歳代から七十歳代まで各世代一人ずつ六人が働いています。研究員は総勢三〇名、それに加えて、同じぐらいの数の専門技術を持つスタッフがいます。

縄文時代に遡る暮らしを探る

ミュージアムの敷地の中には、ナチュラルヒストリーミュージアムだけでなく、この土地ならではの考古学ミュージアムがあります。この町は縄文時代の低湿地遺跡で世界的に有名なのです。考古学ミュージアムにも同じぐらいの数の研究者がいて、大学の研究者や時にはナチュラルヒストリーミュージアムの研究者とも協力しながら、発掘調査を進めたり、湖と周辺の湿地の自然の恵みによって成り立っていた縄文時代の人々の生活について研究しています。どちらのミュージアムの研究員も、研究成果をミュージアムの展示やレクチャーを通じて社会に伝えることも仕事としてこなします。

最近、最新の技術を駆使して湖の比較的浅い入り江部分を調査したところ、縄文時代の低湿地の集落が良好な保存状態で見つかりました。そこからは、その時代のムラのお祭のご馳走が再現できそうなほど、多様な食材や調理済みの料理が遺物として出土したのです。このような調査によって、縄文時代の人々の生活についての理解が深まり、また、町の郷土史の研究が進むにつれ、自然の恵みを利用する生活においては、縄文時代につくられていた基本形が二十世紀半ば頃まで受け継がれていたことがわかってきました。湖と湿地の恵みに頼る地域の生活が、根本的に大きく変わったのは二十世紀の後半になってからですが、その数十年後の二〇一〇年頃からは、意識的に自然との共生を目指す社会づくりがなされるようになり、今日に至っています。

ふだんは入れない標本の収蔵庫に、このようなレクチャーの日には入れてもらえます。地下にある広大な収蔵庫にはこの地域の様々な生き物の標本や考古学資料が納められています。昔の人が使っていた土器のかけらや太古の昔にこの土地で生活していた生き物の骨を手に取ってみたり、研究員からそれらにまつわるお話を聞くのは、テレビやビデオでは味わえない楽しみです。真理ちゃんは、レクチャーが終わったら、コウノトリの巣の観察に出かける前に収蔵庫でコウノトリの剥製を見せてもらおうと思っていました。

自然共生社会記念日

「どうして五月二〇日が自然共生社会の日なのか知っていますか?」、先生はそんな風にレクチャーの口火を切りました。真理ちゃんはそれほどくわしくはありませんが、昔、特別なコウノトリのひなが誕生した日を記念日にしたということぐらいは知っていました。先生は少し間をあけてから、小学生の真理ちゃんたちにもよくわかるように、次のような話をしてくれました。

今からちょうど五〇年前の五月二〇日に、兵庫県の豊岡市で野生に戻されたコウノトリのひなが誕生しました。それは、日本における自然共生社会への転換にとって象徴的な出来事でした。そのひなの誕生は、コウノトリの保護とコウノトリも住める環境づくりに努力を五十年以上も続けてきた豊岡の人たちにとって、このうえなく悦ばしい出来事だっただけではありません。その喜びは、マスコミの報道を通じて日本中で共有されたのです。マスコミは、ひなが巣立ち、野外で生活を始めるまでを逐一報道しました。

その時代、つまり二〇〇〇年代は、地球温暖化や生物多様性の低下など、環境の危機の深まりが社会に広く認識されるようになった時代です。また、食品の安全性などへの不安も高まっていました。従来通りのやり方で仕事をし、生活をしていたのでは、地域の将来も人類の将来も危ういことに気づいた人々が、それまでとは違う新しいやり方で、自然とも、仕事とも向きあい始めた時代でした。その先頭に立っていたのが豊岡市の人々や、ふゆみずたんぼなど人と自然の両方にやさしい農業を始めた日本中の人々です。また、そのような取り組みを応援するために、それらの地域のお米やその他の農産物を積極的に購入する消費者側の取り組みをリードしたのが、パルシステムやレストランチェーンのアレフなどの生協や企業です。

自然共生社会に向けたそんな「新しい風」が人々の心に吹き始めていたことが、日本中でコウノトリの赤ちゃんの誕生を祝う気持ちの高まりをつくり出していたのです。とは言っても、誰もがこれが普通だと思っているやり方とは違うやり方で農業をしたり町づくりをするのは、決して容易なことではありませんでした。けれども、その流れをつくり、日本全体、そして世界全体にそれを広げる役割を果たした人たちは、そのことを楽しみながら、また、当たり前のこととしてさりげなく、その偉業を成し遂げたのです。その人たちに共通していたことは、自分以外の人の目や生き物の目、コウノトリやマガンやカエルやトンボやメダカやドジョウや果てはイトミミズの目を借りて、自然や人間の社会を見ることができたことでした。

みどり先生は、記念日にまつわるそのような話を、真理ちゃんたちにもよくわかるようにしてくれました。今日でも世界中で努力が続けられている地球温暖化に対する緩和策が本格的に始まったのもその時代でした。温暖化の原因となる化石燃料に由来する二酸化炭素の排出量を減少させる「緩和策」が、初めは様々な抵抗や議論を巻き起こしながらも、次第にしっかりした取り組みになっていったのです。二〇一〇年代になると、相当強力な緩和策を世界中で進めることができるようになりました。そのおかげで、温暖化も、今世紀末までの温度上昇を一・五℃以下に抑えられそうです。残念ながら、海面上昇ですでに大きな打撃を受けた南の島がいくつかありますが、全地球的に低地が影響を受けるまでには至りませんでした。それらの島の人たちは世界中からの支援を得て、似たような環境の他の国に受け入れられ、新しい生活を始めています。人類にとって、また地球に住む様々な生き物にとって、極めて危険な段階にまで気候の変化が進行することは回避できたのです。

その時代の日本の農業の変化には目覚ましいものがありました。コウノトリ、マガン、ハクチョウ、カモなどの鳥だけでなく、トンボなどの水生昆虫や淡水魚やカエルやサンショウウオなどの暮らしぶりにも目を向けながら、農薬や肥料の使用を控える農業が広がりました。ふゆみずたんぼなど、それぞれの地域においてシンボルになる生き物や、その他の条件に合わせて独自な農法で生きモニを楽しみながら生物多様性農業を実施する農家が増えていったのです。

「田んぼの生きもの調査」すなわち、田んぼをフィールドとした「生きモニ」に農家の人たちだけではなく、都市の消費者も参加するなど、生き物の生息に配慮した農業をする地域を消費者が応援する取り組みも広がっていきました。それは、少し価格が高くても安全・安心なおいしい食べ物を食べたいと願う消費者の当たり前の思いから見れば当然のことでした。そして、十年も経つとそれまでの農業のやり方、つまり、農薬や肥料を大量に投入して水田やその周りから生き物を排除する農業よりも、生き物を生かし・活かす生物多様性農業のほうが普通になったのです。そのおかげで、一時は激減したアカトンボの群れを人々が普通に目にすることができるようになりました。また、日本でいったん絶滅したコウノトリやトキが野生で生きる条件も各地で整ったのです。

自然再生事業がつくり出した緑の油田

真理ちゃんたちの町では、湖とその周りの氾濫原の自然を蘇らせる自然再生事業がその時代に始まりました。それと併せて、近隣の水田ではふゆみずたんぼの取り組みが広がりました。それは今から四五年ほど前のことですが、その事業は今でも続いています。湖の畔《ほとり》の湿原から水田帯につながる一大湿地帯が、次第に、生き物の賑わいのある場所、つまり、楽しい「生きモニ」フィールドに変わっていきました。水と緑がハーモニーをなすその広大な景観は、縄文人が見ていたものとほぼ同じであるということで、それを目当てに世界中から観光客が訪れます。観光客はそれぞれが自分のテーマを持って訪れ、数週間ほど町に滞在し、自然や遺跡をじっくりと観察し、二つのミュージアムで学び、この土地ならではの湖や海の幸、山の幸を使ったこの地ならではの料理を楽しみます。湖で獲れる天然ウナギは、特に高い人気を誇っています。漁師さんといっしょに湖に続く湿地帯でウナギ漁を体験し、獲ったウナギを湖畔のこの土地独特の「オーベルジュ」で料理してもらい、湖の向こうに夕日が落ち、月の光に照らされるヨシ原を眺めながらそれを味わう極上の楽しみを求めて、年に一回はここを訪れるリピーターは少なくありません。五〇年前に漁獲が激減したウナギなどの魚が再びふんだんに獲れるようになったのは、自然再生事業の最も重要な成果の一つとされています。

面積が数千ヘクタールにも及ぶオギ原やヨシ原などから成る湿原は、オギやヨシの旺盛な成長が産み出すバイオマスをエネルギー資源として利用することで、今では極めて高い植物の多様性を誇っています。その多様性に依存して、昆虫などの多様性が豊かなことは言うまでもありません。それよりも、このような湿原が、温暖化の緩和策としても極めて重要な役割を果たしていることを忘れてはなりません。

自然再生事業が始まったちょうどその頃、植物のバイオマスの大部分を占めるセルロースからエタノールを生産する、セルロース系エタノール生産技術が開発されました。それまでは、エタノールは穀物やサトウキビなど農業で栽培されるものだけを原料にして生産されていましたが、自然に逞しく生えるイネ科植物を原料とし、ガソリンに混ぜればそのまま「排出量削減」につながるセルロース系エタノールの生産技術が実用化したのです。日本は欧米に比べて、技術開発のスタートがやや遅れましたが、持ち前の技術開発力を活かし、すぐにその分野におけるトップランナーになりました。小規模で性能のよいプラントが各地につくられ、それぞれの土地の水辺や里山に自然に生える植物を原料にしてエタノールが生産されるようになりました。川の土手や公園での草刈り、庭の手入れで出たバイオマスも混合利用できる万能型プラントが人気です。当時は、単に工業的な技術の開発だけでなく、生物多様性を最良の形に保ちつつ里山や水辺のバイオマスを利用するための生態学的な技術についても、またその利用に関わる新しい「入り会い」のあり方などについても集中的に研究開発が行われました。

そんな時代を経て、湖の周りに広がるオギ原やヨシ原は、一躍「緑の油田」になったのです。しかもその油田は、同時に生き物の賑わい、生物多様性を産み出す油田です。樹木を多く伐採しすぎて環境がすっかり変わり、ササが密生して森林の再生が難しくなった山でも、ササを頻繁に刈り取ってエタノール生産の原料として使いながら森林の再生事業が実施されたおかげで、今ではブナ林が育ち始めています。

昔は茅としてススキ同様に屋根を葺くのに使われていたオギですが、それを生態学にのっとったやり方で利用することで、オギ原一ヘクタールの刈草から年間約一万リットルものエタノール燃料を生産することができるようになりました。その生産は、町のバイオエタノールプラントで行われ、かつての石油会社が生産されたエタノールを買い取って販売します。プラントの維持・更新なども委託されてその業務となっています。利益の相当部分は町の財源となり、二つのミュージアムの運営にも財政的にも寄与しています。

バイオマスの刈り取りは、バイオマス採集ロボットを使って最適な時期に行われます。高性能ロボットを遠隔的に操作してバイオマスを収穫するのは町の生態技師ですが、技師の最も重要な仕事は、バイオマス利用／生物多様性最適化モデルを用いて、その年の刈り取りに最適な時期を決定することです。町民の中には湿原での「生きモニ」に熱心に取り組んでいる人が何人もいて、その人たちから提供される情報もモデル計算をするうえでの重要なデータとなります。

真理ちゃんのお父さんは、町の生態技師の一人として働いています。ふだんの仕事場は、湿原が遠くに見渡せる高台の自宅です。モニターに時々目をやりながらコンピュータに向かって仕事をしているのですが、週に一度は、担当している湿原の区画の状態を自分の目で確かめに出かけます。そんなときにいっしょに行って、オギの草丈すれすれの空中に浮かぶリサーチボートに乗せてもらい、カヤネズミなどの生き物を観察するのも真理ちゃんの楽しみの一つです。お父さんは、毎晩の晩酌にオギからつくられた茅酒《かやざけ》を少し飲みます。オギのバイオマスからとれるエタノールは当然のことながらお酒の原料にもなるのです。お酒に弱いお父さんは量が過ぎると酔っぱらって陽気になります。真理ちゃんは小さいとき、同じアルコールを「飲んでいる」車が酔っぱらわないのはなぜなのか、たいへん不思議に思ったものです。エタノール燃料で走る車の技術は、今では四十年ぐらい前と比べて飛躍的に進んでいます。普通の四人乗りの自家用車、すなわち、屋根に積まれた太陽光パネルを併用するハイブリッド車であれば、一リットルのエタノールで約七〇キロメートルの走行が可能です。ということは、一ヘクタールのオギ原からとれるバイオマスで、延べにして二八〇万キロメートル・人の移動が可能なのです。けれども、一人で移動する場合には、一時間ほどの充電で一週間は日常的な移動に使えるモビルエイドのほうがずっと効率がよいので、自動車は家族みんなで遠くに出かける場合や物資の輸送などだけに使われています。

五十年前とは車の性能も使い方も、そして燃料も全く異なるため、人の移動や運輸による二酸化炭素の排出量は、同じ移動距離当たり、ほぼ五〇分の一以下に抑えられています。そのように、地球にふんだんに降り注ぐ太陽光のエネルギーを直接発電に、あるいは光合成によるバイオマス生産を介して利用することで、化石燃料をほとんど利用しなくとも社会が必要とするエネルギー需要がまかなえるようになったのは、ここ二十年ほどのことです。そのような技術の発展に応じて温暖化の緩和策が飛躍的に強化されました。あと五十年もすれば、温暖化のリスクはほぼ完全に解消するのではないかという明るい予測をする研究者もいます。

自然再生事業で広がった生き物の賑わいのある水田で作られたお米は「縄文米」と銘打たれ、観光客が湖から湿原を経て水田へとつながる雄大な景色を見ながら食事をするレストランをはじめ町中の飲食店やホテルなどで利用されるほか、茅酒およびこの地域だけで特別に栽培されているエゴマとともに、町の特産品としてパルシステムなどを通じて全国各地に発送されています。これら自然再生が蘇らせた自然の恵みとも言える各種の産物や観光、環境ビジネスに関連した多様な仕事が町の中にあるので、子どもたちは大学や大学院を卒業すると、大部分が町に戻ってきて職に就きます。

星が流れる日、コウノトリがやってきた

さて、湿原と田んぼの自然再生事業が開始されてから七〜八年ほどたった、つまり、四十年近く前のある夏の夕方のことです。新月のその夜は、ペルセウス座流星群の流れ星の観察会がミュージアムで開かれることになっていました。夕方、ミュージアムのスタッフは、前庭に百

ほどの軽量寝椅子を並べる作業をしていました。そこに参加者が仰向けになり、新月の夜の宵の口から夜中頃まで、みんなで流れ星を数えるのです。まだ、三十代半ば、ミュージアムでの仕事を始めて間もないみどり先生もその観察会の準備を手伝っていました。

夕日が沈みかけ、西の空が金色から茜色に近い色に染まったときです、その光を背景にシルエットとなって二羽の鳥が近づいてくるのに、人々は気づきました。三々五々と流れ星観察会にやってきた町の人たちもそちらに目を向けました。鳥影はみるみるうちに大きくなり、頭上近くに来たとき、鳥類を専門にしている研究員が叫び声をあげました。

「コウノトリだ」

そこにいた人たちは即座に寝椅子に仰向けになり、空を見上げました。羽を大きく広げて飛んでいくその姿は神々しく、人々の脳裏に強く焼き付きました。興奮冷めやらず、その夜は、寝椅子に仰向けになって流れ星を数えながらも、コウノトリのことばかりが話題になったということです。ちなみにその夜、みどり先生が数えた流れ星の数は七七でした。その時以来、そこにいた人たちは流れ星を見るとコウノトリを思い出すのです。そして、その話は子や孫たちに繰り返し伝えられました。話が伝えられるときのちょっとした勘違いがもとになり、この町では、ペルセウス座の名前をコウノトリ座と思っている人も少なくありません。

その二羽こそ、この町に住みついた初めてのコウノトリです。その年代には、豊岡市で増えた野生のコウノトリが各地に移住を始めていました。湖、湿原、田んぼをつなげる自然再生事業が効を奏し始め、生き物豊かな湿地と水田が広がるようになったからでしょうか。この町は、最も早い時期に豊岡からの移住コウノトリを受け入れることができたのです。みどり先生たちは翌日に早速、豊岡市のコウノトリ共生課に連絡を取りました。その日のうちに豊岡市から担当の人がやってきて、コウノトリの様子と地域の環境を調べました。そして、ここならコウノトリが幸せに暮らせるとのお墨付きをくれたのです。その後、ミュージアムのスタッフ二人が五カ月間、豊岡市に研修に派遣されました。豊岡市に蓄積したコウノトリと共に暮らすための様々な経験を学ぶためです。みどり先生もその一人でした。豊岡市でコウノトリ共生課のお世話になりながら楽しく、充実した時を過ごした若き日々の思い出を子どもたちに話をしたかったのですが、レクチャーの時間はそろそろ尽きようとしています。

その後、さらに多くのコウノトリがやってきて、この地で繁殖するようになりました。今では常時数十羽のコウノトリがこの町で暮らしています。冬になると、湖やふゆみずたんぼにはマガン、オオヒシクイ、ハクチョウなどがやってきて塒《ねぐら》にします。町の人たちは、白い大きな鳥たちの姿を日常的に目にしながら暮らすようになったのです。冬には、海とつながる、魚の豊かな湖のほとりには、オジロワシとオオワシが越冬にやってきます。初夏には、「赤とんぼ田んぼ」と呼ばれている数枚の田んぼから、無数のアカトンボが発生して、お天気に恵まれれば上昇気流に乗り、竜の形をつくって空に昇っていきます。そんな風景を眺めながらの暮らしが、この町ではすでに三十年以上も続いています。

選ばれた未来

みどり先生は、あの夕方、寝椅子に仰向けになって眺めた二羽のコウノトリの姿を思い浮かべながら、うっとりとした様子でレクチャーを終えました。そして、さらに過去に遡ること今から五十年前、東京大学で学んでいた日のことを思い出していました。

学部で文学を勉強していたのですが、進路のことで迷っていました。当時、環境の危機が自分の将来に暗くのしかかっていることが否応なく意識され、重い気持ちがふっきれなかったのです。明るい性格とはいえ、根っからまじめなので、そのような現実に目を逸らすことができず、暗い現実にどうやって打ち克って自分の人生をつくっていけばよいのか、不安な気持ちでいっぱいでした。そんな時、学内でポスターを見かけた「生物多様性・生態系再生研究拠点」主催のフォーラム「生物多様性と農業」に何気なく参加しました。

豊岡市の市長さんやコウノトリ共生課の課長さん、日本雁を守る会の会長さん、民間稲作研究所の所長さん、環境保全型農業のさきがけとも言えるささかみ農協のリーダー、レストランチェーンアレフやパルシステムの取り組みを紹介する講師の話は、どれも新鮮でたいへん興味深いものでした。すべてが腑に落ちよく理解できた、というわけではありませんが、自分が関わることに意義を見いだせそうな世界が「コウノトリ」「ふゆみずたんぼ」「生物多様性」といったキーワードに、ほのかに照らされながら広がっていることだけは確信できました。会場で教科書として販売されていた書籍を購入して読み、それがきっかけとなって関連した何冊かの書籍に触れると、自分が選択すべき進路についてあるイメージが浮かんできました。それに導かれるように、大学院では既存の学問分野ではなく、当時はまだ理念でしかなかった「自然共生社会」に関する人文科学的視点からの実践的研究に取り組むことにしました。社会学、民俗学、保全生態学など、専門分野の異なる何人もの先生の指導を受けながら独力で研究を始めました。大学院でそのような研究が可能となったのは、ちょうどその頃、既存の学問分野から外れた複合的な領域に、果敢にも自らの学問をつくり出そうという若手や大学院生を育成するための研究・教育のプログラムが始まったからです。みどり先生が最初に豊岡市を訪れたのは、そんなプログラムによる実習のときでした。

博士号を取得し、ポスドクとしての大学で研究をしばらく続けてからこのミュージアムに職を得て、すでに四十年が過ぎようとしています。ミュージアムの研究員は全員、四五年前に始まった自然再生事業に専門家として参加しています。みどり先生もこの間、湖とそれを取り巻く氾濫原湿地の自然再生、および人間と自然との新たな共生関係の構築というテーマの研究に一貫して取り組んできました。

五十年前のあの日、フォーラムの講師たちの話を聞く機会がなければ全く違う人生を歩んだかもしれないと思いながら、自分のレクチャーを目を輝かせながら聞いてくれた子どもたち一人一人にアイコンタクトしながら、みどり先生はレクチャーを終えました。

シナリオという物語に託して

上に記した物語は、二〇五七年のある日、ある町のミュージアムでの行事についての、私の主観的で不確かな想像に過ぎません。けれども、生態系や社会の将来の予想の手段は、物語をつくることでイメージを描くという手法しかありません。多くのデータや事実に基づき、多くの人々の想像力を借りてつくった複数の物語を検討すれば、それは、シナリオ分析による将来予測となります。ここでは、そのような物語を、個人的な想像力だけに頼り、十代の真理ちゃんと七十代のみどり先生の二人の数時間を借り、二人の経験や思い出で綴ってみたのです。

今、私たちは、環境について深く、真剣に考え、また、新しいことに取り組むことによってのみ、地域の未来を切り開くことができる、そんな時代の入り口に生きています。私たちが今、何を選択するかによって、五十年後の社会も自然も大きく異なるはずです。シナリオによる将来予測では、現在すでに始まっている取り組みや政策などをもとにして、現実的ないくつかのシナリオを想定して、現実味を帯びた将来の物語をつくってそれらを検討します。けれどもここでは、私がぜひ選択するべきだと思う「最良のシナリオ」だけを物語にしました。そうではないシナリオについては、あまりにも暗い物語となるため、この本には似合わないと考えたからです。この本では、希望を語り、そうすることで現実をそちらの方向に動かしていきたい、というのが私の願いだからです。

とは言っても、この最良のシナリオは単なる「夢物語」ではありません。それを実現するための多くの萌芽がすでに芽生えていることを考えれば、十分に現実的なものと言えるのです。この本の次章以降をお読みいただければ、この章でご紹介した五十年先のイメージを共有していただけるのではないかと思います。この本を読んだ方たちの中に、たくさんのみどり先生がいれば、その実現はより確実なものになるはずです。これ以降の各章は、「生物多様性の保全」、あるいは「自然との共生」を求めることが、地域社会に、また、私たち一人一人にどのような恩恵をもたらし、五十年後の社会をどのようなものに導くのか、机上の空論としてではなく、そのような地域づくりのために知恵を絞り、力を尽くしている方たちの今を語ることで、読者のみなさんが想像するよすがとしたいと思っています。

特別寄稿

コウノトリとともに生きる
――豊岡の挑戦

豊岡市長　中貝宗治

はじめに

二〇〇七年五月二〇日、豊岡で新しい命が誕生しました。日本の野外では実に四三年ぶりのコウノトリのひな誕生です。このニュースは、新聞各社の一面記事や、テレビの全国ニュースとして豊岡から大々的に報道されました。河野洋平衆議院議長をはじめ、全国各地から祝電が市役所に届きました。

たった一羽ひなが誕生しただけであるのに、なぜ日本中の人々がかくも喜び、感動し、喝采したのか。

その頃、親が子を殺し、子が親を殺し、長崎市長が銃撃されるといった暗い事件が続出していたことが背景にあることは間違いありません。人々は明るいニュースを求めていました。と同時に、ひな誕生の陰にコウノトリに関する深い物語があったからだと私は思います。

一九五五年、「あの美しい鳥を救いたい」という願いから始まった豊岡におけるコウノトリの保護活動は、生息環境の再生へ、そして「コウノトリも住める環境の創造」へと展開してきました。さらに環境行動が経済を活性化し、そのことが誘因となって環境行動がさらに広がるという「環境経済」の取り組みも進んできました。こうした中で、ついに野外でひなが誕生し

図0-1　43年ぶりに誕生したコウノトリの幼鳥（上、写真提供：兵庫県立コウノトリの郷公園）。2007年7月31日、人工巣塔から巣立った（下）

たのです。それは、コウノトリの絶滅と復活をめぐる、豊岡の「果てしない物語」に加わった新しいページとして人々の心を打ったのでした。

円山川の子どもたち

円山川の不思議

豊岡市《とよおかし》は兵庫県の北部にある、日本海に面した、人口約九万人のまちです。市の中央を円山川《まるやまがわ》がゆったりと流れています。不思議なことに、この川では河口から一〇キロメートル上流でもカレイやアジが釣れます。なぜ、そんなことが起きるのでしょうか。

円山川は、中下流域では河川勾配が一万分の一という極端な水平状態にある川で、河口から一〇キロメートル上流でも、河口との落差は一メートルしかありません。一〇〇メートルに対して一センチ。そんなわけで川底には海の水が忍び込んでいるのです。円山川は、風がないときには鏡のように静かで美しい水面を見せています（図0‐3上）。

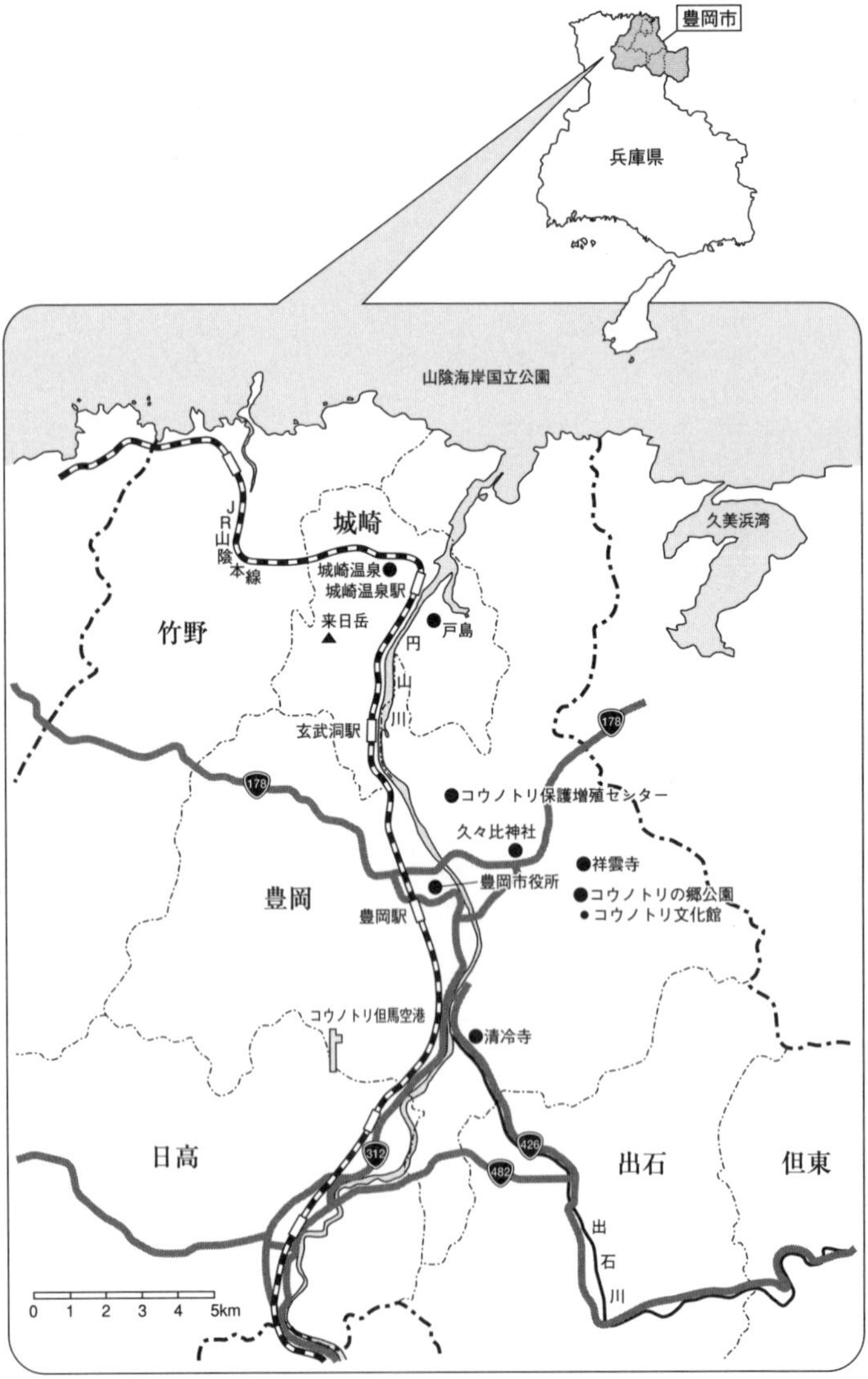
豊岡市
兵庫県
山陰海岸国立公園
城崎
久美浜湾
JR山陰本線
城崎温泉
城崎温泉駅
来日岳
戸島
円山川
竹野
玄武洞駅
178
コウノトリ保護増殖センター
久々比神社
祥雲寺
豊岡市役所
コウノトリの郷公園
コウノトリ文化館
豊岡
豊岡駅
コウノトリ但馬空港
清冷寺
日高
312
426
482
出石
但東
出石川
0 1 2 3 4 5km

図0-2　豊岡市の概要

円山川が水害をもたらした

他方、河川勾配が極端に小さいということは、水はけの悪さも意味します。上流の山々から猛烈な勢いで円山川に流れ込んだ雨水は、豊岡盆地に入ってそのスピードを落とします。緩やかな勾配と下流部が瓶《びん》の首（ボトルネック）のようになっている地形のため、大量の水はなかなか日本海に吐き出されず、滞留し、溢れ、しばしば水害を引き起こしてきました。二〇〇四年の台風二三号では、豊岡は泥の海に沈みました（図0-3下）。

円山川が鞄産業を生んだ

大雨が降ると水浸しになりやすいこのような低湿地帯は、人間が暮らすうえでは厄介な面がありますが、そんなところが大好きな生き物もたくさんいます。豊岡におけるその代表的な生き物の一つが、コリヤナギです。

コリヤナギは湿地を好む植物で、円山川がつくり出す湿地に自生していました。そのコリヤナギを材料にして柳行李《やなぎごうり》の製造が始まり、江戸時代、豊岡は日本一の柳行李の産地になりました。やがて、生活様式の変化に合わせて行李は鞄《かばん》へと姿を変え、柳行李の技術と販路を活か

図0-3　ふだんは鏡のような美しい水面を見せる円山川も（上、写真提供：二位岡野）ひとたび大雨が降ると平野全体が冠水する暴れ川となる（下、写真提供：中日本航空㈱）

して鞄産業が発達します。現在、豊岡は皮製品を除き日本産の約七十%を生産する日本最大の鞄産地となっています。

円山川がコウノトリを育んだ

湿地を好む生き物のもう一つの代表例が、コウノトリです。

コウノトリは羽を広げると二メートルもある白い大きな鳥で、かつては日本の至る所で見られる鳥でした。例えば、トロイアの遺跡発掘で有名なシュリーマンが幕末に日本を訪れ『シュリーマン旅行記 清国・日本』を残していますが、その中に、「江戸・浅草寺の観音堂の屋根にコウノトリの巣があり親鳥とひなの姿が見えた」と記しています。

外見が似ているところから、しばしばツルと混同されてきましたが、全く別の生き物です。例えば、コウノトリは松の大木などの樹上に巣をつくるのに対し、ツルは草原などの地べたに巣をつくり、木に留まることはありません。コウノトリは完全肉食であるのに対し、ツルは雑食です。

コウノトリは、主にシベリアのアムール川流域で繁殖し、中国の長江周辺や台湾、韓国などに渡りをする鳥ですが、日本では、生息環境が良かったのか、そのままとどまって留鳥になっは、コウノトリの大切な餌場であったのです。

図0-4　コウノトリは松の大木などの樹上に巣をつくる。まさに、「水田生態系の頂点に立つ」（写真提供：富士光芸社）

たと言われています。

　豊岡盆地にも、かつては数多くのコウノトリが住んでいました。里山の松の上に巣をつくり、眼下に広がる「じる田（湿田）」や円山川の水際の湿地で、カエルやドジョウ、ナマズやフナなどを餌としてついばんでいました。

　しかも豊岡盆地は低地全体が淡水と海水が混じる汽水域であり、生物相は極めて豊かでした。湿地

コウノトリをめぐる果てしない物語

コウノトリの絶滅と復活

しかしコウノトリは、明治期の鉄砲による乱獲や第二次世界大戦中の松林の伐採、そして戦後の環境破壊、とりわけ、農薬の使用と圃場整備や河川改修による湿地の消滅などによって減

図0–5　コウノトリ営巣用に建てられた人工巣塔の下でも、農薬は散布されていた（写真提供：神戸新聞社）

少を続け、一九七一年、豊岡で野生最後の一羽が死んで、日本の空から消えました。

絶滅に先立つ一九六五年、種を守る最後の手段として野生の個体を捕獲して豊岡市内で人工飼育が始まりましたが、以来二四年間、来る年も来る年も一羽のひなもかえりませんでした。絶望もありました。批判もありました。コウノトリが増えていくという確信を誰も持たないま、いわば暗闇の中を黙々と人工飼育が続けられていきます。

転機は一九八五年に訪れます。ロシアのハバロフスクから六羽のコウノトリの幼鳥が贈られてきました。当時、兵庫県から飼育の委託を受けていた豊岡市の飼育員がそれらを大切に育て、やがてカップルができ、一九八九年、人工飼育の開始から実に二五年目の春、ついに待望のひなが誕生しました。以後、毎年順調にひなはかえり、二〇〇二年には豊岡の飼育コウノトリは一〇〇羽を突破。翌年、野生化に向けたコウノトリの訓練が始まります。

コウノトリ自然放鳥

歴史的瞬間は、二〇〇五年九月二四日にやってきました。この日、兵庫県立コウノトリの郷《さと》公園から五羽のコウノトリがついに豊岡の空に放たれたのです（図0-6）。その瞬間、見守っていた数千人の人々からどよめきが上がり、拍手が沸き起こりました。野生での絶滅から三四

図0-6　2005年９月24日、秋篠宮同妃両殿下の手により、コウノトリが34年ぶりに豊岡の空を舞った。左端が思わず声を出してしまった私

年が経過していました。涙を流している人もいました。「やったー！」という大きな声がして、気づくとそれは私の声でした。

滅びさせまいとする願いは受け継がれ、再び空に帰すための努力が積み重ねられて、豊岡は「コウノトリを飼育するまち」から「コウノトリの舞うまち」へと変貌を遂げたのです。

二〇〇七年九月現在、一二三羽のコウノトリが豊岡で暮らしており、そのうち二〇羽が野外で暮らしています。

コウノトリ野生復帰のねらい

今年二〇〇七年は、野生での絶滅から三六年、人工飼育の開始から四二年、コウノトリの保護活動が明確な形をとってから五二年になります。これまでに長い時間と膨大なエネルギー、たくさんのお金が必要でした。おそらく、これからも同様だろうと思います。

では、なぜ、それほどまでして豊岡はコウノトリの野生復帰を進めようとするのか。そのねらいは大きく三つあります（図0−7）。

野生復帰の三つのねらい

1　コウノトリとの約束
2　野生生物の保護に関する世界的な貢献
3　コウノトリも住める豊かな環境の創造

図0−7　コウノトリ野生復帰の三つのねらい

1　コウノトリとの約束を果たす

一九六五年、人間は野生の鳥をわざわざ捕まえて鳥かごに入れました。当時の人々は「安全な餌を与え、増えたらきっと空に帰す」と誓いました。いわば人間はコウノトリと約束をした。その約束を果たし、コウノトリを〝本来の場所〟に帰そうというのが、第一のねらいです。

2　野生生物の保護に関して世界的貢献を行う

ヨーロッパに生息するシュバシコウと呼ばれるコウノトリは、八十万羽以上いると言われています。しかし、それとは別の種である極東のコウノトリは、すでに二千〜二千五百羽しかいないと言われています。絶滅寸前の鳥です。

こうしている間にも、世界中で貴重な「種」が失われつつあります。コウノトリの野生復帰事業を通じて、「種」の保存とそのノウハウについて世界的な貢献をしようというのが第二のねらいです。

3　コウノトリも住める環境を創造する

三つ目は、コウノトリも住める環境とはどういうものなのかということに関わります。

コウノトリは大型の完全肉食の鳥で、食物連鎖の頂点にいる生き物です。そんな鳥が再び野生で暮らすことができるとすると、そこにはたくさんの種類の、そして膨大な量の生物が存在するはずです。コウノトリが野に帰るには、そのような豊かな自然の再生が不可欠です。

しかし、問題は自然環境だけはありません。自然がどんなに豊かになって、餌が豊富になったとしても、飛んできた鳥に「石を投げてやろう、鉄砲を撃ってやろう」という文化のところにコウノトリは住むことはできません。そもそも、コウノトリを絶滅に追いやった環境破壊は、私たちの体に深く染み込んだ生活様式と価値観、すなわち私たちの「文化」が引き起こしたものでした。コウノトリが再び野に帰るためには、「あんな鳥も近くにいてもいいよね」というおおらかな文化が不可欠です。

そして、そのような自然と文化は、コウノトリにとってのみならず、実は私たち人間にとってもすばらしい環境であるに違いありません。そこで、コウノトリの野生化をシンボルにしながら、コウノトリも住める豊かな環境を創り上げよう、というのが三つ目の、そして最大のねらいです。

具体的取り組み

こうしたねらいを実現するためには、様々な取り組みが必要になります。豊岡では、国、県、市の行政機関、市民、団体、企業等様々な主体がそれぞれの役割を担いながら、相互に連携して、野生復帰に関わる多くの取り組みを行っています。その一部をご紹介しましょう。

1　兵庫県立コウノトリの郷公園と豊岡市立コウノトリ文化館の設置

一九九九年、兵庫県は豊岡市内に一六五ヘクタールの用地を買い求め、「コウノトリの郷公園」を設置し、併せて兵庫県立大学の研究所を設けて、野生化の研究と実践を行っています。それまでコウノトリの飼育は市が県から委託されていましたが、公園の開設を機に、県が従来の飼育場も一体的に管理することになりました。

また、二〇〇〇年、市は同公園内に「コウノトリ文化館」を設置し、コウノトリ野生復帰事業に関する普及啓発活動の拠点としています。

2　水田の自然再生

(1)　ビオトープ水田の設置

休耕田を年間を通して湛水状態にすることによって水田内の生き物を育み、また、コウノトリの餌場、冬鳥の越冬場所として活用しています。市が農業者に維持管理の委託をし、一〇アール当たり五万四千円を委託料として支払っています（県が二分の一を市に補助）。二〇〇七年九月現在（以降、「現在」とする）、市内に一六ヘクタールあります。

(2) 冬期湛水・中干し延期稲作の実施

豊岡では、六月に水田から水を抜く「中干し」という作業を行います。しかしこの時期は、トノサマガエルやアマガエルのオタマジャクシがカエルに変わる前であるため、大量のオタマジャクシが死滅します。また、アカガエルは二月から三月頃に卵を産むため、この時期に水田に水がないと卵を産むことができません。カエルを救い、増やすことはできないのか。

そこで、稲作を行いながら、オタマジャクシがカエルに変わる時期まで中干しを延期し、アカガエルのために冬期に湛水を行う農法を実施しています。市が農業者に対し一〇アール当たり四万円を委託料として支払っています（県が二分の一を市に補助）。現在市内に約三九ヘクタールあります（そのうち、委託料対象は二〇ヘクタール）。

(3) 水田魚道の整備

水田は多くの生き物にとって、卵を産み、子どもを育てるゆりかごのような場所ですが、圃場整備でできた水田と水路の段差が生き物にとって大きな障害となっています。そこで、

図0-8　2003年、兵庫県は農家の協力のもと、水田と水路・河川を生き物が行き来できる魚道の設置を始めた

県は水田と水路・河川を生き物が行き来できる魚道の設置を始めました（図0-8）。現在、市内で九四箇所に設置されています（市が事業費の二分の一を負担）。

(4)　ククヒ湿地の整備

コウノトリの観察を続けているパークボランティアの人たちが、農家から休耕田を借りて、自ら湿地をつくり、維持管理を始めました。久々比《くくひ》神社（コウノトリ神社）横にあるところから、ククヒ湿地と名付けられました。

(5)　ハチゴロウの戸島《としま》湿地の整備

城崎温泉近くの戸島地区に、腰近くまで浸かって田植えをしなければいけないことから「嫁殺し」と呼ばれている湿田がありました。やがて土地改良が始まり、二〇〇五年、工事の順番を待っている間休耕されていた水田に絶滅危惧種のミズアオイの花が青紫に咲き乱れるようになりました。そして、そこに大陸から訪れた野生のコウノトリが毎日のように餌を捕りにやってくるようになったのです。工事が進むと、湿地は失われてしまいます。そこで市が約四ヘクタールの用地を取得し、湿地として整備・維持管理をすることにしました。

この鳥は二〇〇二年八月五日に豊岡にやってきたので「ハチゴロウ」と呼ばれ、市民に親しまれていました。ハチゴロウは市内のあちこちを飛び回り、コウノトリと共に暮らす具体的イメージと、野生化という未知の世界に進む勇気を私たちに与えてくれました。ハチゴロウは神様の贈り物でした。

残念ながら、二〇〇七年二月、ハチゴロウは変わり果てた姿で発見されました。市はその功績を讃えるため、その湿地を「ハチゴロウの戸島湿地」と名付けることにしました（第一章参照）。

3 河川の自然再生

二〇〇五年一一月、国土交通省と県は、河川における生物多様性の保全を目的として、豊岡盆地内の河川における「円山川水系自然再生計画」を策定しました。多自然型護岸等の導入、魚道の整備による河川の連続性の確保などに加え、河川における湿地面積を一〇年間で

図0–9　円山川の自然再生。河川敷の湿地創出に努めている

約二〇〇ヘクタールに増やすことなど盛り込んでいます。

二〇〇四年の台風二三号による大水害の経験を踏まえ、国土交通省は現在、円山川の河道掘削を進めています。その際、河川敷を浅く掘って湿地の創出にも努めており、円山川の湿地面積は現在一〇九ヘクタールになっています。おかげで、円山川にコウノトリが舞い降りる光景を日常的に見ることができるようになりました。

また、出石川《いずしがわ》にある一五ヘクタール程度の堤外水田を国土交通省が買収し、湿地に再生する方針も決定されています。

4　里山の整備

かつてのコウノトリの営巣地において営巣木を再生するため、森林ボランティア実行委員会を立ち上げ、林間歩道・松林を整備してコウノトリの野生復帰を支え、地域参加の森づくりの輪を広げる活動が行われています。

5　ビオトープづくり・生き物調査等

ＮＰＯ法人コウノトリ市民研究所が設立され、子どもたちの環境に対する意識を高め、また自らの生活環境を見直すことによって市民の立場からコウノトリ野生復帰を支援しています。ビオトープづくり、田んぼの学校、豊岡盆地の生き物調査などの活動を活発に行っています。

6　美しい田園景観の整備

美しい田園景観を創るため、県と市、電力会社とで、コウノトリの郷公園周辺の電線類の地中化と電柱の美装化に取り組みました。さらに、公園の地元地区の人々が農道にヒガンバナの球根を植え、なつかしい農村景観が再現されました。

環境経済戦略

環境経済戦略とは何か

長年の夢であった自然放鳥が始まった今、豊岡が次に開こうとしているのは、「環境経済」の扉です。

環境と経済の関係には、公害に代表されるように経済が環境をとことんいじめながら発展するという関係もあれば、逆に、環境を守るために経済に徹底的に制約を課するという関係もあります。しかし、そのどちらでもない、環境を良くする行動が経済を活性化し、そのことが誘引になって環境を良くする行動がさらに広がるという、環境と経済が「共鳴」し合う関係もあるはずです。私たちはそのような関係を「環境経済」と名付け、その実現に向けて、二〇〇五年三月に「豊岡市環境経済戦略〜環境と経済が共鳴するまちをめざして〜」を策定しました。

環境経済戦略のねらい

この戦略のねらいは三つあります（図0–10）。

1　持続可能性を確保する

環境行動自体の持続可能性です。美しい理念や心意気だけに支えられた環境行動が、やがて消えていく例を私たちは多く見てきました。環境問題への取り組みが成果を得るためには、活動の持続性と広がりが不可欠です。経済に裏打ちされることによって環境問題への取り組みを持続させ、発展させることが可能になるはずです。

豊岡市環境経済戦略

環境を良くする取り組みと経済活動が、刺激し合いながら高まっていく。“環境と経済が共鳴”するような地域を創りあげる！

そのねらいは？

○持続可能性　○自立　○誇り

図0–10　豊岡市環境経済戦略

2　自立を図る

私たちの暮らしも財政も、経済によって支えられています。自治体は自立を強く求められており、そのためには地域経済を元気にする必要があります。では、日本の片田舎で、どういう分野なら経済発展が望めるのか。私たちは「環境」が経済活性化の可能性に満ちた分野だと考えています。

3　誇りを支える

地方の衰退は、地方が自らの誇りを失っていく過程でもありました。しかし、もし豊岡が環境を良くする、まさにそのことによって生計を成り立たせることができるようになったとしたら、それは私たちの地域の大いなる誇りにつながるはずです。

環境経済戦略の柱と実践例

市は、環境経済戦略の柱に、①環境経済型企業の集積、②環境創造型農業の推進、③コウノトリツーリズムの展開、④地産地消の推進、⑤エコエネルギーの利用の五つを据えて、その具体例を一つずつ積み重ねていくことにしています。いくつかの芽が出てきました。

1 太陽電池メーカーの増産体勢

市内の太陽電池メーカーは、薄膜系（非結晶）アモルファス太陽電池の分野で世界一の生産能力を有しています。現在、太陽電池の需要が世界的に伸びており、大幅な増産体勢に入りました。さらに、他県にあった開発部門を豊岡に集約し、太陽電池生産・販売の世界戦略の拠点に豊岡を据えることを決定しました。

世界中の人々が地球温暖化対策に貢献しようとして太陽電池を買えば買うほど、この企業の業績が上がり、税収も増えます。環境と経済は矛盾しないという代表例です。「私たちの夢にふさわしい場所。それが、コウノトリのいる豊岡です」が、同社のキャッチフレーズです。

2 イワシの加工残渣からペットフード

市内の水産加工業者が費用を払ってゴミとして処理していたイワシの頭・骨・内臓などの

残渣を市内のプラスティック加工業者が引き取り、その成形技術を用いて犬用の栄養補助食品として開発。ゴミ減量と経済効果を兼ね備えた循環型の商品が誕生しました。イワシの骨を使った「骨せんべい」もできました。ゴミが原材料に変わり、お金に変わりました。

3　廃タイヤを利用した振動防止技術の開発

国内で年間約一億本もの廃タイヤが発生し、その処理が大きな課題になっています。市内の基礎土木会社が大学の研究者と連携し、「タイヤ杭」という形で地中に埋める防振材を開発中です。不用品となったタイヤに新しい命を吹き込み、工事や交通による振動の悩みを解消しようという試みです。これまでの実験で目を見張る振動の減衰効果が確認されており、実用化の実験が進められています。

4　環境創造型農業の推進

コウノトリに最後にとどめをさしたのは、農薬でした。しかし、だからといって「農薬はけしからん」と批判するだけでは、単なる自己満足に過ぎません。日本はモンスーン地帯にあって、湿潤で暑い夏があります。光と水に恵まれることが植物の生育にとって決定的であり、草はあっという間に生えてきます。それゆえ、日本の農業は草との戦いだと言われてきました。虫も多く発生します。草と虫との戦いは、重労働でした。それゆえ、除草剤と殺虫剤（農薬）が農家に受け入れられたのは、無理からぬことだったとかもしれません。しかし、農薬の使用はコウノトリをはじめ多くの生き物を死に追いやっただけでなく、人間の健康も蝕んでいきました。

そこで豊岡は環境創造型農業を広げるために、二つのことを考え、実行してきました。農薬に頼らなくても比較的簡単に作物を作ることができる農法の提示と、農産物の安心ブランド化（認証制度の提供）です。

(1)　農薬に頼らない農法

ア　アイガモ稲作

アイガモは草を食べ、虫を食べます。したがって農薬が不要となります。さらにアイガモが水かきを使って泳ぎ回ると水田の水が濁り、光合成が制限されて草が生えにくくなります。現在、市内の約六ヘクタールで栽培されています。

イ　コウノトリ育む農法

コウノトリとの関わりは、食品の安全・安心のみならず、生き物との共生を強く意識させます。そこで二〇〇一年、市は生き物を育む農業の学習会を開催し、二〇〇二年から農業アドバイザーを迎えて「コウノトリと共生する水田づくり」として学習会を定期的に開催してきました。そして、宮城県田尻町《たじりちょう》（現・大崎市《おおさきし》）における「ふゆみずたんぼ」の実践と研究、民間稲作研究所における米ぬか散布や深水管理などによる抑草技術、全国の有機農業者の実践などを手本にしながら、農業者と一体となって安全な米と生き物を同時に育む農法の探求を続けてきました。さらに、県の農業改良普及センターやJAたじまも加わり、共同して豊岡の地域にあった農法の体系化を図り、それを「コウノトリ育む農法」と名付けました（図0-11）。

この農法の柱は、①農薬の不使用または削減、②化学肥料の栽培期間中不使用、③種子の温湯消毒、④深水管理《ふかみずかんり》、⑤中干し延期、⑥早期湛水（できれば冬期湛水）などです。

図0-11　農薬や化学肥料に頼らず、早期湛水や深水管理などを行い、かつ低コスト・省力化も図る「コウノトリ育む農法」は、急速に広がりつつある

この農法は急速に広がりつつあり、現在、市内の約一五七ヘクタールで行われています。

(2) 農産物の安心ブランド化（認証制度）

私たちは、農薬を絶対に使ってはいけないという立場をとっていません。県と市は、できるだけ使用を減らすこと

図0‒12　農産物の安心ブランド化

を勧め、そのための努力が市場で適正に評価されるよう農産物の認証制度を設け、安心ブランド化を進めています。認証を受けた農産物は、通常のものに比べ、店頭で一・二〜二倍の価格で売られています。

ア　「ひょうご安心ブランド」認証制度

県は、①化学合成された農薬や肥料の使用を低減した生産方式であること、②農薬を使用した場合、残留農薬が国の定める基準の一〇分の一以下であること、③その基準を自主検査できる体制を整えていること、④栽培履歴や自主検査結果を消費者などに公開できることをクリアーした農産物に「ひょうご安心ブランド」の認証を行っています（図0‒12）。

二〇〇六年度実績では、市内で米と野菜合わせて約五五九ヘクタールの作付けが行われています。

イ 「コウノトリの舞」認証制度

市は、ひょうご安心ブランドの認証基準に、さらに「土壌分析結果に基づき適正施肥を行うこと」という基準を上乗せして、「コウノトリの舞」認証制度を設けました。二〇〇六年度実績では、市内で約二六二ヘクタール（ひょうご安心ブランド五五九ヘクタールの内数）の作付けが行われています。

5　コウノトリツーリズムの展開

コウノトリの絶滅と復活の物語を学びに、多くの人々が豊岡にやってくるようになりました。ある旅行社が、コウノトリの郷公園を訪問し、城崎《きのさき》温泉に泊り、旅館でコウノトリ育む農法の米を食べ、メインディッシュは但馬牛《たじまぎゅう》という団体旅行を売り出したところ、好評を博しています。

コウノトリの郷公園の来訪者は、二〇〇五年度二四万人であったのに対し、二〇〇六年度は四八万八千人へと激増しています。

私たちが豊岡の環境を良くすればするほど多くのコウノトリが大空を舞うようになり、コウノトリツーリズムは盛んになります。もちろん、農業の活性化にもつながります。

放鳥後のコウノトリ

放鳥後、コウノトリがまちのあちこちに姿を見せ始めました（図0–13上）。

ある小学校では、運動会で玉入れをしている最中にコウノトリが飛んできて頭上を旋回し、運動場は騒然となりました。

ある村では、秋祭りで練り歩くだんじりの真上をコウノトリが舞いました。子どもたちは興奮し、高齢者たちは憑かれたようにコウノトリの思い出を語り始めました。

市内のおかきメーカーは、かつて野生最後の一羽が捕獲されたのが自社工場の近くであったことを知り、広大な枯山水の庭を湿地に変えてしまいました。

かつては害鳥としてコウノトリを追い払った経験を持つ農家も、いざ自分の田んぼに舞い降りると、双眼鏡とカメラを持ち出して、息を潜めて観察を続けます。

コウノトリが私たちの豊岡における暮らしを生き生きとしたものに変え始めたのです。

二〇〇七年五月二〇日、放鳥コウノトリのカップルに待望のひなが誕生しました。野外でのひな誕生は日本では四三年ぶりのことでした。

そして七月三一日、野外では実に四六年ぶりにひなが巣立ち、豊岡のコウノトリの物語にさらに新しいページが加わりました（図0–1参照）。しかし、この果てしない物語が今後どのよ

図0–13　放鳥後、豊岡市内に姿を見せ始めたコウノトリ（上、写真提供：神戸新聞社）。昭和30年代の日常風景（下、写真提供：富士光芸社）がオーバーラップする。まちに溶け込み、これが当たり前の風景になる日を目指し、豊岡の取り組みは続く

うな展開を見せるのか、誰もわからないのです。

おわりに

一九六〇年に市内で撮影された一枚の写真があります（六六～六七ページの図0-14参照）。出石川の浅瀬に、後姿の農家の女性、七頭の但馬牛、そして一二羽のコウノトリがお互いに手を伸ばせば届くような距離にいる姿が写されています。十数年前、私たちはその写真を使って大きなポスターをつくりました。そして、「三五年前、みんなで暮らしていた」という言葉を添えました。同時に、「私たちは人間の努力を信じます」という言葉も添えました。

その際、市の職員と新聞記者がその女性を探し当て、インタビューに行きました。ところが、その女性は、「三十年以上も前のこと。しかも後姿なので、自分かどうか、わかりません。でも、隣に写っている牛は、うちの牛です」と述べ、コウノトリのことには触れずにひたすら牛の話をして、最後にこう言われたそうです。

「あの頃は、本当に心が豊かでした」

私たちが何を失ってきたのか、そして何を取り戻そうとしているのか。その写真が象徴的に表しているように思います。

そして、あの恐ろしい水害の写真と重ね合わせて考える時に、出石川の写真は、私たちはどのように自然と共生できるのか、という深い問を私たちに突きつけているように思えます。

豊岡は豊岡としての答えを探し続けていきたいと考えています。

図0-14　ポスターに使われた1960年8月の出石川の風景（写真提供：富士光芸社）

第一章　コウノトリが地域の力を取り戻す

豊岡市コウノトリ共生部コウノトリ共生課長　佐竹節夫

一枚の写真から

「佐竹君、ポスターに写っているおばあさんが誰だか知ってるか？　清冷寺《しょうれんじ》地区の角田さんらしいぞ。一度会ってきたらどうだ」

一九九三年の秋、市役所ＯＢの方から電話が入りました。

ポスターとは、市民グループ「コウノトリと環境を考える会」が作成した、人と自然の共生を呼びかける写真ポスターです。大きな紙面には、一九六〇（昭和三五）年八月に市内の写真家・高井信雄さんによって撮影された情景が、モノクロでいっぱいに引き伸ばされています。豊岡市内を流れる出石川《いずしがわ》の浅瀬で七頭の牛を水浴びさせる女性の傍らに、餌の魚を獲りにやってきた一二羽のコウノトリがいて、驚きもせず、追い払うでもなく、悠然と夏の一日を過ごしている。この地域の当時の日常の一部を切り取った写真に、「三五年前、みんなで暮らしていた」というコピーが添えられています（六六〜六七ページの図0-14参照）。

すでに撮影された高井さんも亡くなられており、写真の世界はすべてが過ぎ去った出来事と思っていましたので、そこに写っている方が今も健在とは驚きました。これで会いに行かなかったら大馬鹿者です。早速に出かけました。

お名前は角田しずさん、一九一一（明治四四）年生まれとのこと。

自宅の玄関で迎えてもらいましたが、私たちの顔を見るなり、何やら怪訝そうな顔です。ひるまず、第一声。

「このポスターに写っているのは、おばあちゃんですか？」

「さあ、ようわかりません。近所の人はアンタだって言いなるんで、私かな？　と思いますけど……」

何とも歯切れが悪い。私は次の言葉が出てきません。すると、

「でも、この牛はうちの牛です」

「自分の姿よりも牛のほうが見分けがつくんですか？」

「そりゃあ、牛は家族と同じだったし、一生懸命世話をしていたので、今でも体の隅まで覚え

とりますがな」

なるほど、そうか。昭和三十年代、農家の主婦が自分の姿を写真に撮られることはそうはなかったのでしょう。けれども、牛には毎日家族のように接していたのだから、特徴はすぐわかる。

ここから角田さんは一気に饒舌になります。村の八割の家が農耕用として一頭ずつ飼っていたこと。牛が好む草は大切にしておいて、適期に刈ったこと。種付けをしてもらい、子牛を売ってお金にしていたことなどが次々と出てきます。

「村の牛を二組に分けて、約十頭を毎日交代で当番の二人が水浴びに連れて行くんです。川には放牧の区割りがあって、隣村の持ち場に入り込んだり、バラバラになったりしないよう監視するのが当番の役目です。でも見ている間は楽なので、よく相方の人と岸辺に座っていろんなことを話したもんです」

「ところで、コウノトリのことは何か覚えていますか?」

「昔は今ほどコウノトリが大事なんて思っとらなんだし、関心もなかったんで、あんまり覚えておらんです」

「でも、写真では牛のすぐそばにコウノトリがいますけど?」

「そう言われても……」「そうそう、コウノトリは牛のすぐ後ろについて来たり、足元に来てねき（そば）に付きまとっとりましたわ。相性がいいっていうのか、牛も追い払わないし、コウノトリも逃げなかったですね」

牛が動けば川の中の魚も動き出す。牛の糞に集まるハエやブトは魚の餌になり、魚はコウノトリの餌となる。

「今の生活はどうですか？　世の中は変わってしまったでしょう？」

「昔はみんながゆったりしとったし、人の関係も『なじみ』っていうか、情がありました。今は情が薄いですね。牛を飼っていた頃は、雌牛が生まれたら赤飯を炊いて近所に配るんですが、みんな上辺じゃなくて心《しん》から喜んで（祝福して）くれたもんです」

「炊事場から出る生ゴミも、丁寧に取って肥料に使っていました。みんな『もの』は大事にしていました。今、そんなふうにしていたら『もの』が余り過ぎちゃいますよ（笑）」

「角田さんにとって、『豊か』って何でしょう？」

言った後で恥ずかしくなりましたが、角田さんはそんな質問にも正面から答えてくれます。

「まあ、お金ではないですね。お金なんかなくても豊かになれます。私はこの年（八五歳）になっても畑に出て野菜づくりをしとりますが、採れた野菜を人に分けてあげ、喜んでもらえるのがいいんです。昔のようになごやかなんがいいですわ。心が豊かっていうのか、思いやりもあったし。世の中がこのまま行くとたいへんです」

帰路、私は充実感で一杯になりました。安堵感もありました。へそ曲がりの性格からか、実のところ、この写真は確かに素晴らしいけれど、もしかするとたまたまいい風景が撮れただけなのかもしれない、と心の片隅で疑っていたのです。しかし、その疑念は吹き飛びました。写真の情景はまさに本物で、私たちが目指していく目標像であることをしっかりと確信した一日でした。

生き物へのまなざしからコウノトリ育む農法へ

まずコウノトリを守り、数を増やすこと

私がコウノトリの仕事をやるようになったのは一九九〇年からです。その年の四月一日付人事異動で総務課から教育委員会社会教育課の文化係長に任ぜられ、文化・芸術の振興と文化財保護を担当することとなりました。文化財の中に「特別天然記念物コウノトリ」があったので、仕事の中の一つとしてコウノトリ保護増殖事業にも携わることになったのです。

しかし、一週間も経たないうちに、コウノトリ飼育場（現「コウノトリ保護増殖センター」）に入り浸るようになっていました。この年は、人工飼育の開始から二五年目でようやく繁殖に

成功した翌年でしたが、就任早々、ひなが数日後に生まれそうだというのです。マスコミ対応のためにも現場を知っておかなくちゃ、と、飼育場に行ったその日からコウノトリの世界に魅了されてしまったのです。それまでは、とりたててコウノトリがすごく好きというほどでもなかったのですが、飼育コウノトリの様子を見ているうち、子どもの頃に田んぼで佇んでいるコウノトリを何となく眺めていて、何気なく感じていたものとはこの心地良さだったのかと、自分の中で納得できたような気がしました。

それからは、やるべきことが次々と浮かび上がってきました。飼育場の拡張整備、飼育員の人的措置、広報活動などなどですが、その傍らで研究者や動物園の人たちと知り合うようになってきました。そこで知ったのが「野生復帰」という言葉でした。それは、まさに天命のように私の中に入ってきたのです。コウノトリをかつての生息地に再導入する。それにはまず飼育下で個体の数を増やす。野生復帰の拠点施設をつくる。そして外の環境をコウノトリが住めるようにしていく。人と自然が共生する社会となる。何とロマン溢れる壮大な挑戦だ。私は頭の中でストーリーを描きながら、一人悦に入っていました。しかしその内実は、「里の自然は二次的自然なのだから農業が中心テーマとなるだろう」くらいにしかわかっていませんでした。

図1-1　アイガモ農法

アイガモへのまなざしから、地域、農家に変化が始まる

一九九五年の春、ＪＡたじま三江《みえ》支店に、アイガモ農法に使うカモのひなが初めて九州から到着しました。三江地区（小学校区）では、三年前から県が提唱する環境創造型農業を取り組むに当たって、いくつかの田んぼで減・無化学肥料、減・無農薬による試験実証が行われていました。その過程で、この年から二軒の農家がアイガモを使った無農薬農業を試みることになったのです（図1-1）。

この場に立ち会った私は、「無農薬の田んぼ＝コウノトリが舞い降りることができる」と単純に喜んでいました。しかし、農家の前田喜代雅さんの思いは違っていました。

「アイガモを使うのは人間に安全な米をつくるのが目的だ。もし、コウノトリが田んぼに入ってくれれば追い払ってやる」

稲を踏む害鳥コウノトリの過去の様子がよみがえったのでしょう。たいへんな剣幕です。私は返す言葉がありませんでした。

それから一年半が経った晩秋、同じ三江支店でアイガモ農法に取り組む農家の会合が開かれました。農家の数は一二軒に増え、市の農政課やＪＡの職員も出席しています。会合の趣旨は、①アイガモ農法の普及に向けて積極的にＰＲする、②農家の交流を図るためにグループ化する、というものです。議論の結果、ＰＲ作戦では、前田さんの田んぼに大きな看板を立てることになり、グループの事務局はＪＡが担い、市は後方支援するという体制も確認されました。決めるべきことはみんな決まった後、あの前田さんが私に向かって発言されました。

「だけど、本当にワシの田んぼにコウノトリが降りてくれるかなあ。それが心配だ」

ン？　一年半前はあんなに嫌がって「追い払ってやる」と息巻いていた人なのに。短期間の間で、なぜこんなに変わったのだろう。

思い当たる節はいくつもあります。

「アイガモを使い出してから娘がよく話しかけてくるようになってなあ。前はほとんど会話もなかったが、『お父さん、カモに餌をやったのか』とか、カモの様子がどうとかこうとかいろいろ話してくるようになった」

とニコニコして話される農家があるかと思えば、私の村の主婦からはグチが出ました。

「家の前の田んぼにカモが入ったために内職する時間が少なくなってしまった。何せ、かわいいので、つい一時間以上も見てしまうわ。近所の人も出て来るんでおしゃべりもせんなんし（笑）」

そうなのです。これまでは稲作という生産の場だけだった田んぼに、カモという生き物が入ることで、田んぼが会話や社交の場にもなったのです。

こんな変化もありました。

一九九七年にグループは「豊岡あいがも稲作研究会」となり、初代会長に就任された石田敏明さんの田んぼでは、村の子どもたち一人一人の手からカモが田んぼに放たれました。子どもたちは恐る恐る、しかし大事そうに抱えて一羽ずつ放します。翌年から、豊岡ではアイガモを田んぼに放す初日には、保育園か幼稚園の子どもたちを招待するのが恒例となりました（図1–2）。

前田さんの田んぼでも子どもたちで賑やかです。

「カモは何を食べるのか？」

「なぜ？」

「どうして？」

図1−2　アイガモを田んぼに放す子供たち

質問攻めです。それに対して前田さんは嬉しそうに応えています。マスコミの取材に対しても、積極的に応対されるようになりました。

「小屋の周辺では、カモが苗を踏み倒して泳いでいますが？」

「大丈夫だよ。少しくらい踏まれても」

農業の近代化が叫ばれ、生産性の向上に走ってきた農家が、米の高収穫を阻害する者を憎むことは当たり前です。排除がうまくいかないと、ついグチが出たり、他者にその責任を押し付けたりしがちです。それが、田んぼに生き物が入ったことでみんなから注目され、子どもたちにとって先生のような立場になってきました。カモが元気でいるように餌を工夫し、水を管理していくうちに、自らが考え、技術を習得した自信満々の農家になってきました。私は、これまでにこれほど地域の人が田んぼに関心を持ち、農家が輝くことってなかったのではないかとすら思えました。この上にもしコウノトリが舞い降りてきたら、田んぼの価値は飛躍的に上がるだろう、と前田さんたちが考えるのはしごく普通の流れだったのです。

もちろん、すべてが順調だったわけではありません。豊岡でアイガモ農法が好スタートを切れたのは、組織化によるところが大きな要因でした。農家のグループ化とＪＡ、行政によるサポート体制が当初からしっかりと組み込まれました。問題は、ＪＡ、行政の内部にありました。この頃の両者は、まだ機関として農業の方向を転換するまでには至っていなかったからです。組織の中で異端視されながらも、「近い将来、日本の農業は農薬を使わないことが基本になる」と気を吐きながら事務局を担っていたＪＡの歴代担当者。彼らの頑張りがあったからこそ今日があると言っても過言ではありません。

集落単位での取り組みへ

三江地区での環境創造型農業の取り組みは、二〇〇〇年になると個別農家から集落全体を対象としたものになってきました。前年に開設された兵庫県立コウノトリの郷公園のお膝元・祥《しょう》雲寺《うんじ》区では、まず農地を団地化することから取り組まれました。モザイク状で耕作されていた田んぼを、耕作者ごとに集約されたのです。そうすることで、環境創造型農業に取り組む農家の田んぼが一体的な大きな面として確保でき、用水路からの取水も問題が生じなくなります（この地域の水田は圃場整備が実施されているので、取水と排水は別系統になってはいますが）。こうして、減・無農薬栽培に取りかかる下地が整うことになったのです。通常、「換地」を行うには所有権もいっしょに移転するのですが、この場合は所有権はそのままにして耕作者だけを集約されたので、話はスムーズにまとまったようです。

祥雲寺地区が集落あげて環境創造型農業に取り組まれるまでには、様々な過程がありました。一九九二年に県がこの地区内の山林と田んぼ、約一六五ヘクタールをコウノトリの郷公園予定地に定めたことから、祥雲寺地区は大きな荒波に飲み込まれることになりました。平穏だった村は一気に議論の渦となりました。

「害鳥コウノトリが田んぼに降りてくる」「様々なことに規制がかかり、窮屈な生活を強いられるのではないか」「そもそも、行政が言う『人と自然（コウノトリ）が共生する』って、具体的にどんなことなのか？」確たるイメージが浮かばない中で、不安と期待が交錯します。

議論の中から地区役員会は一つの結論を出されます。「この際、落ち着いて村の現状を見つめ、将来像を考えてみよう」というものです。こうして、一九九五年に選抜委員から成る「祥雲寺地区を考える会」が結成され、勉強会やアンケートなどを行ったうえで、「コウノトリの

図1−3　農道に、圃場整備でなくなったヒガンバナをみんなで植える

郷公園建設を受け入れ、行政などと一体となって人と自然が共生する地域づくりに進んでいこう」との方向が確認されたのです。

その後、「考える会」は「こうのとりのすむ郷づくり研究会」に改組され、様々な農法により環境創造型農業に取り組むこと、農業を持続可能にするために集落営農を目指すこと、美しい村づくりを進めること、農産物の朝市を行うことなどが次々と決まっていきました。農地の集約化は、こうした郷づくりの進展の中で行われたのです。

二〇〇〇年には「コウノトリの郷朝市友の会」が発足し、二〇〇二年には「コウノトリの郷営農組合」が設立しています。

一点突破・全面展開方式

行政も変わっていきました。野生復帰の拠点施設であるコウノトリの郷公園が開設されたことで、少しずつ行政内部での「コウノトリ」の位置付けが大きくなりつつありましたが、何といっても大きかったのは二〇〇一年七月に中貝宗治氏が市長に就任されたことです。

早速に、その年度末に策定された「豊岡市基本構想」において、まちづくりの考え方を「コウノトリと共に生きる」と宣言がなされ、郷公園周辺地域が「環境創造モデルエリア」と設定されました。モデルエリアの考えは、この地域でコウノトリ・環境施策を重点的に展開し、そこでの成果を市内全域に広げていこうとするもので、いわゆる「一点突破全面展開」方式です。まず核となる拠点をつくり、多様な角度から様々なことを試行する。ツーリズムに発展させ、市内の資源とつないでいく。人がつながり、また新たな展開が始まるという基本路線は、「豊岡型のまちづくり」としてその後も、放鳥拠点の設置→環境創造型農業の拡大→環境経済型の成功事例の積み重ね→全体が環境と経済が共鳴するまちへ、など、いろいろなバージョンで展開されています（図1-4）。

翌年の二〇〇二年には機構改革が実施され、コウノトリ・環境施策を企画立案し部局間調整を行い、さらに新施策を試行する部局としてコウノトリの名を冠した「コウノトリ共生推進課」

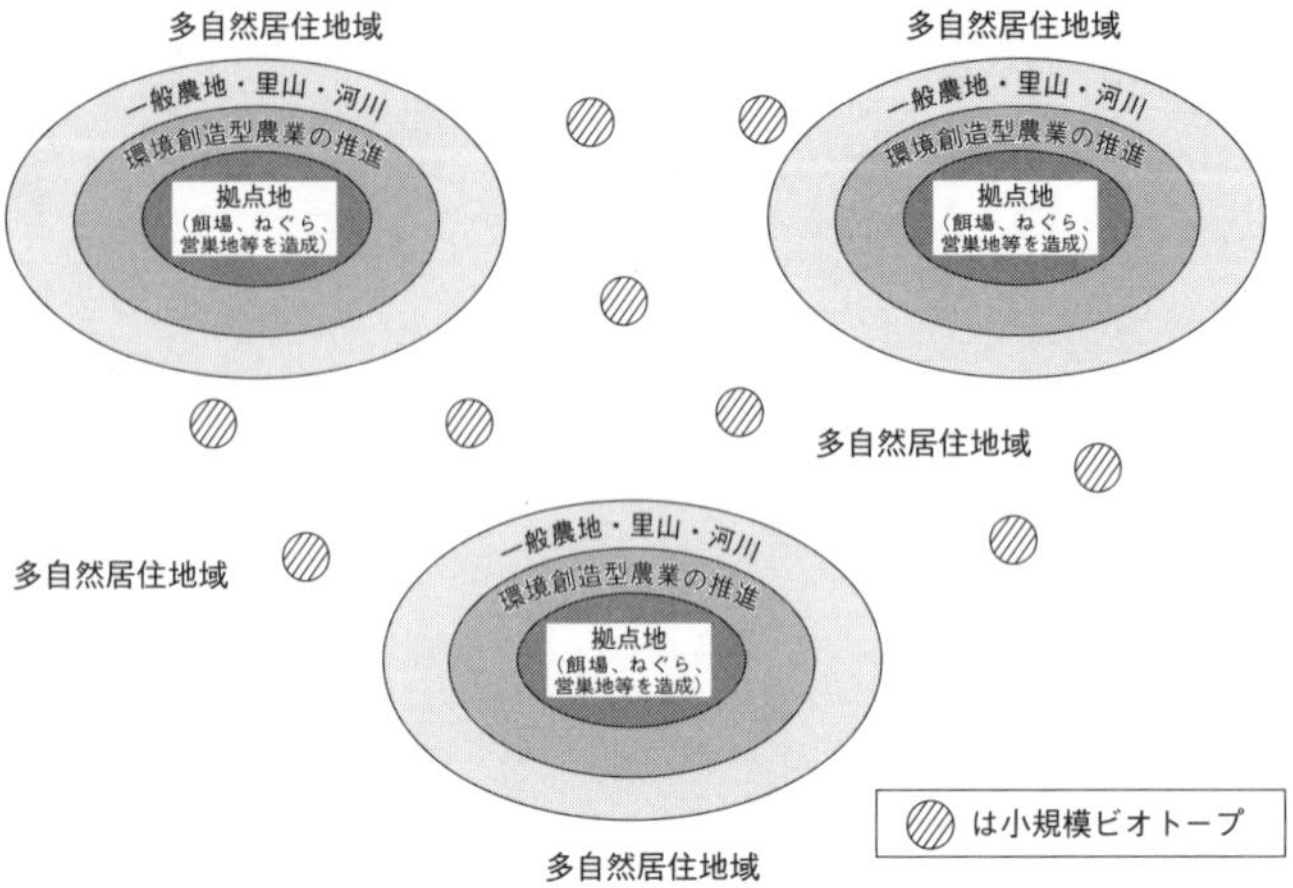

図1-4　市内にいくつかのコウノトリ拠点を設け、その周囲を環境創造型農業へ。核と核の間はコリドーでつなぐ

が企画部内に設置されました。これは、コウノトリの保護増殖事業からコウノトリも住める環境づくり＝まちづくりとして発展したものです。これに伴って私は教育委員会から市長部局に移りました。文化係長→コウノトリの郷公園推進室長→コウノトリ文化館長、そしてコウノトリ共生推進課長と、コウノトリ施策の拡大とともに立場は変わりましたが、仕事は今も継続して行っています（二〇〇六年には、環境創造型農業を企画・試行段階から全面実行へ進むため、「農林水産部」は「コウノトリ共生部」に改称され、課もその中に入って「コウノトリ共生課」となりました）。

この年、兵庫県でも機構改革が実施され、但馬県民局内に市と同じように「コウノトリ翔る地域づくり担当」という部局が新設されました。

これで、コウノトリ野生復帰に関する県・市の連携は格段に進み、行政の総合力が発揮できるようになったのです。

農薬・化学肥料に頼らない農業技術の習得とブランド化へ

二〇〇一年、市は、NPOコウノトリ市民研究所といっしょに一つの試みにかかりました。ビオトープづくりを転作田（約一ヘクタール）で行うことにしたのです。行政が施策として行う理屈はこう考えました。「田んぼは作物だけでなく生き物も生産する。米の代わりにトンボやカエル、ドジョウを生産することも転作である」

田んぼの所有者に耕耘と畦の草刈りをしてもらい、市とNPOが常時湛水しながら生き物を増やす試みを行ったのですが、特にカエルの増加が顕著でした。理由は単純です。当地方では田植え後一カ月ほどが過ぎると落水し中干しをしますが、この時期にはオタマジャクシはまだカエルに変態していないため、その多くが死んでいたからです（図1―5）。

二年目の初夏、ビオトープ田の隣の田んぼで、地区の農会長をしている同級生の冨岡芳数君が話しかけてきました。

「お前らがやっている田んぼではオタマジャクシがみんなカエルになっているので、うちの田

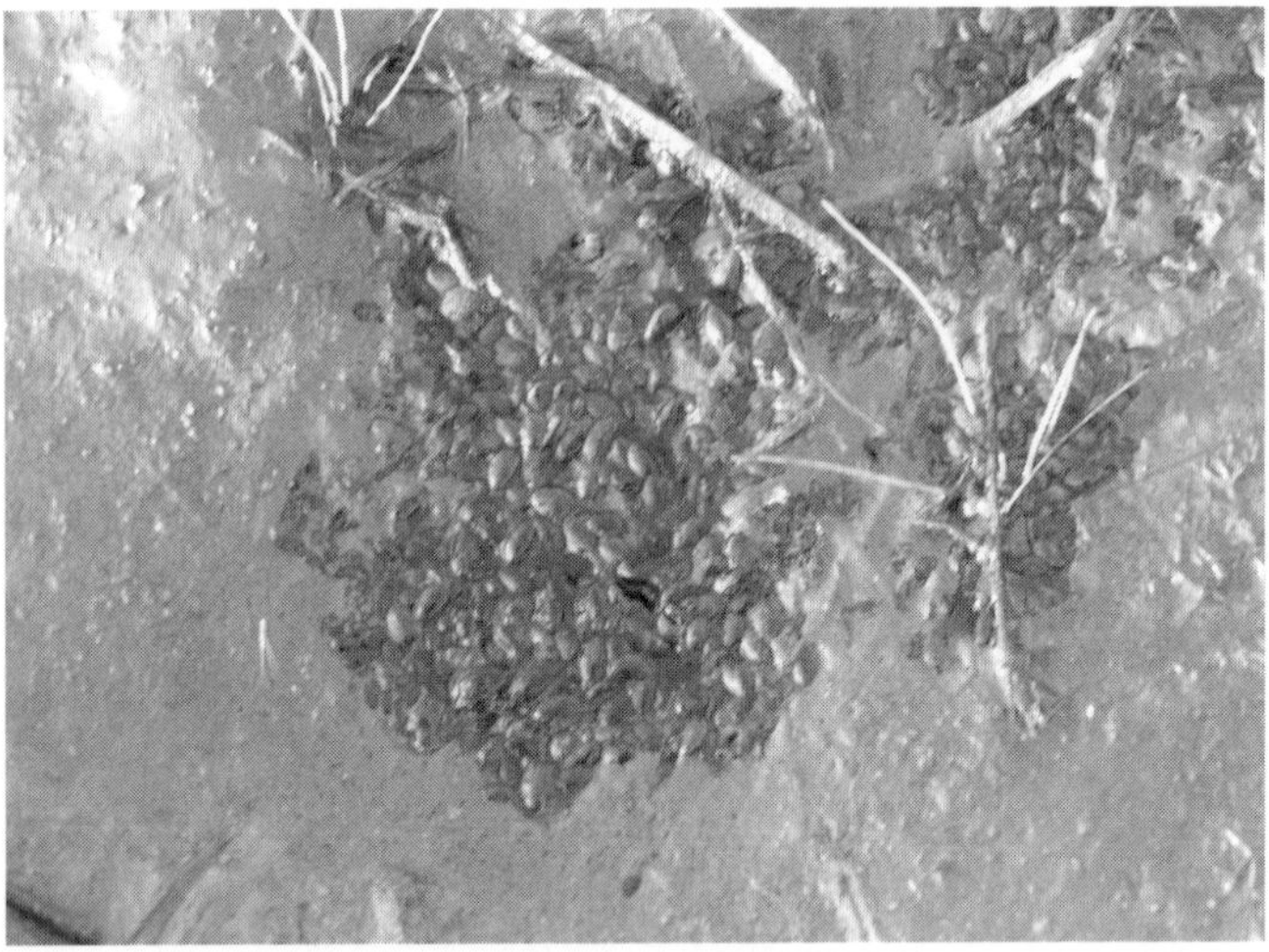
図1-5　落水され、干上がったオタマジャクシ

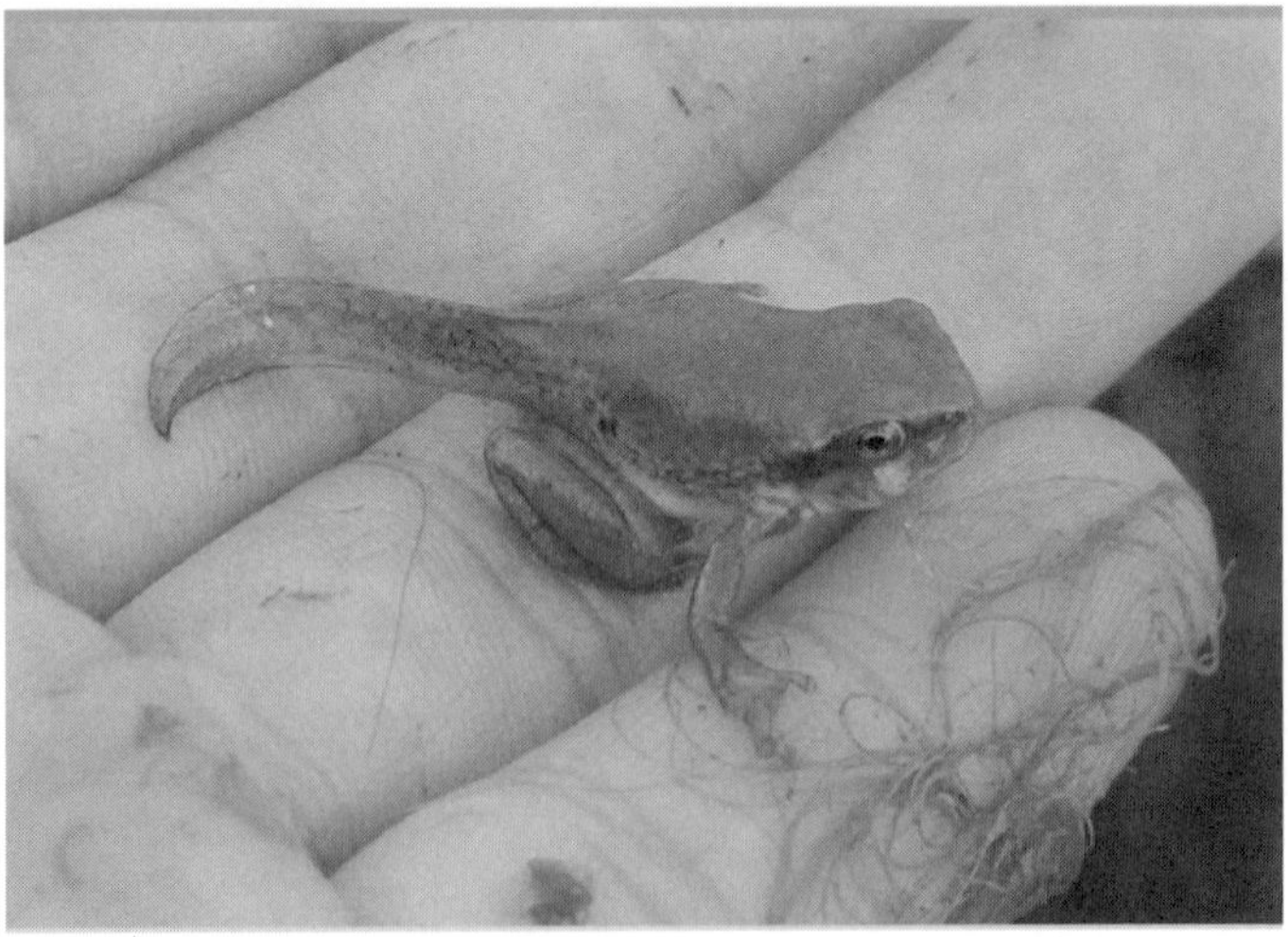
図1-6　まもなくカエルになるオタマジャクシ。中干し延期により、カエルの増加が顕著に

図1-7　冬期湛水水田。12月にはもう水が張られている

んぼでも中干しするのを一週間遅らせてみたわ」

やはり農家も気にしていたのです。

この言葉がきっかけとなり、二〇〇三年からビオトープ田に加えて、冬期湛水・中干し延期稲作田が公式に県の補助制度となりました。実施主体は市、事業名は「コウノトリと共生する水田づくり」、生き物を育む農業の知見を得るために農家に実践を委託する、というものです。ビオトープ田一〇アール当たり五万四千円、稲作型は同じく四万円の委託料を農家に支払っています。

冬期湛水・中干し延期稲作は、出発当初は一・一五ヘクタールでしかありませんでしたが、この年、大きな助っ人が現れました。市は、農林水産省が新メニューとして始めた

「田園自然環境保全・再生支援事業」をいち早く取り入れて、その中で、農と自然の研究所の宇根豊さんと民間稲作研究所の稲葉光國さんをアドバイザーとして迎えたのです。宇根さんからは「農」に対する考え方・文化論を、稲葉さんからは農薬・化学肥料に頼らない農業技術を学びました。学習会と現地指導の開催ごとに、米の生産効率追求型から多様な生き物がいる田んぼの世界へと、農家の視野が広がっていきました。同時に、「手間隙がかかり、収量が減る不安定な減・無農薬農業」が「省力で安定収穫を得られる高価格な米づくり」への実感が持てるようになってきました。面積は年々増加し、二〇〇六年には予定一杯の一九・二ヘクタールとなっていったのです。

冬期湛水によって土中の微生物の繁殖を促すことで豊かな土壌の土台をつくり、農薬や化学肥料のかわりに米ぬかなどの使用と深水管理等によって雑草の抑制と多様な生物を育んでいく――稲葉氏の指導によるこの農法は、農家、行政、JAによって豊岡バージョンにまとめられ、「コウノトリ育む農法」と名付けられました。コウノトリ野生復帰の進展と共に急激に広がっており、二〇〇七年では取り組む農家は七三人＋八団体、栽培面積も一五七ヘクタールとなっています。

稲を踏む害鳥・コウノトリに対する農家の不安はどうなったでしょう?

二〇〇五年五月、県と市は一〇日間、職員が交代で夜明けから日没まで、豊岡に定着していた野生コウノトリを追いかけてみました。そして舞い降りた田んぼをつぶさに調べてみたのです。結果は予想に反してそれほど踏んでいませんでした。田んぼに入っていた時間は一日平均九一分、一歩当たり一・七%でした。つまり、六〇歩歩いて一株踏む勘定になります。この結果は行政と農家で構成する「コウノトリ舞い降りる田んぼ評価委員会」に報告され、「踏みつけられた一部は欠株となるが、これくらいだと周囲の稲が補うので、減収には結びつかない」との結論となりました。この調査は、翌年以降も継続して実施されていますが（踏む確率はさらに低いことが判明）、実態をつぶさに調査して数値化し分析したことで、農家も少し安心されたようです。まさに、野生コウノトリが身を持って実証してくれたのです。感謝。

同時に、農家の環境創造型稲作へのとらえ方が変わってきたことも、被害への不安を解消した大きな要素です。技術をほぼ確立した自信に加え、コウノトリをシンボルとすることでブランド価値が確立されてきたからです。取り組む農家は、「少々踏まれても、コウノトリが舞い降りてくれるほうが注目され、価値がある」に変わっています。つまり、「コウノトリ舞い降りる田んぼ」は、米が高く売れ、農家の意識を豊かにし、交流が進み地域の誇りを醸成しつつあるのです。

図1-8　意外とコウノトリは稲を踏んでいない

図1-9　田んぼについたコウノトリの足跡

そして歴史的瞬間を迎える

こうした様々な地域で取り組みを積み重ねながら、二〇〇五年九月、最初のコウノトリ放鳥を迎えます。秋篠宮殿下ご夫妻をお迎えして行われた放鳥の様子はマスコミに大きく取り上げられ、一気に全国メジャーとなりました（図0-6参照）。コウノトリ文化館への来館者は急激に増加し、二〇〇六年には前年の約二倍、四八万人を超えました。まさに、「ふつふつとうごめいていた発酵熱が臨界点に達した」（中貝市長）感じです。

「コウノトリが来るのはお断り」だった地域からも「うちの村にも放鳥拠点をつくってほしい」との声が上がるようになりました。人工巣塔の設置も同様です。コウノトリの絶滅と復活の物語を体験する「コウノトリツーリズム」も順調なスタートを切っています。

けれども、コウノトリが人里で自立して生息することは、たやすいことではありません。食物連鎖の頂点に立つコウノトリを支える生態系ピラミッドづくりは、まだ石積みを始めた段階です。

「ブームは怖いぞ」

誰かが私の耳元でささやいています。

放鳥成功は一つの通過点。これからいろんなことが出てくるだろう

湿地の再生とネットワーク化

二〇〇七年五月、前年に放鳥したコウノトリがペアとなり、田んぼの中に設置された人工巣塔で一羽のひなを誕生させました。野外での繁殖は国内で四三年ぶりとあって、マスコミに大きく取り上げられました（ひなは七月末に巣立ちしました）。

問題はこれから。このひなが成長し、夫婦になって子を育み、その子も子々孫々へとつなげていく、そんな環境を人間がつくり、営んでいかねばなりません。

実は、これまでに放鳥されたコウノトリ一四羽（うち一羽は死亡）のほとんどが、未だに給餌に頼っています。豊岡の生き物世界がまだ回復されていないことを物語っているのですが、それだけではありません。生き物世界の中でもコウノトリが採餌できる環境は一定の条件を必要とするので、さらに自活を困難にしているからです。肝心な魚を捕まえるのがとても下手なのです。河川の水位が深かったり流れが速ければ採餌は困難になります。概ね一五センチ以下で流れのない所と言えば、田んぼが絶好です。しかし、田んぼは稲丈が大きくなるとコウノトリのような大型の鳥は入れません。

かつては盆地の至るところにあった氾濫原や河川のワンド、昆虫なら畦～農道周辺の草地などが河川や田んぼとセットでありました。つまり、生産性や経済効果を生まない所も、コウノトリにとっては重要な餌場だったのです。今は効率化に伴い、ほとんど消えています。

二〇〇六年、豊岡市は、純粋にコウノトリの餌場とすることを目的に、円山川《まるやまがわ》下流域に位置する戸島《としま》地区の田んぼの一部などを買い取り、三・八ヘクタールの湿地にすることにしました。この決定に至った経緯をお話しします。

「ハチゴロウ」の物語

市がこの地を湿地化することを全身で訴えた者がいました。豊岡に留まっていた野生コウノトリです。彼（オス）がこの場所を頻繁に利用したことが、大きな風を呼び込んだのです。

このコウノトリは、二〇〇〇年の晩秋に大陸から日本に飛来し、以後各地を転々とした後、二〇〇二年の夏に豊岡に舞い降り、以後市内に定着していました。何せ、市民にとって野生コウノトリを見るのは三一年ぶりのこと。里の上空を優雅に舞い、田んぼに降り、川で魚を獲る姿に私たちは魅了され、多くのファンができました。来た日が八月五日だったので、いつしか市民の間から「ハチゴロウ」と呼ばれるようになり、いっそう親しまれ、愛されるようになりました。そのハチゴロウが、二〇〇五年の初夏からこの田んぼに毎日訪れ、せっせと魚を獲るようになったのです。

なぜ、ここにはいくら獲っても尽きないほどにナマズやボラ、フナがいるのでしょう？　理由ははっきりしています。この地域一帯は汽水域の氾濫原で形成されており、田面高は、海抜二〇～三〇センチしかない湿田でした。これを田面高一・七メートルまで嵩上《かさあ》げする圃場整備が進行中でしたが、二〇〇四年一〇月の台風二三号により工事の中断を余儀なくされ、最後の約五ヘクタール分が土盛りされずに放置されていました。その間に田んぼは湿地状態となり、元々水路から遡上した魚がたくさんいたことに加え、台風による冠水時に円山川から大量に入り込んだ魚たちが閉じ込められた形になっていたのです。

かつて、豊岡盆地の至る所にあった湿田の名残を留める貴重な場所にコウノトリがやって来て魚を存分に食べている。その姿を多くの人が見に来て感動している。地元農家の心境は複雑です。

「早く圃場整備を完成させ、『嫁殺しの田んぼ』と揶揄されるような湿田から脱却したい」

「コウノトリが舞い降りたことで自分たちの田んぼが注目を浴びている。初めての経験だ」

地域も市も悩んだ後に市長の断が下ります。

「農家の理解が得られるなら、可能な範囲を市が買い取ろう」

農家と協議の結果、工事中断中の田んぼの半分は計画通り圃場整備し、半分を湿地にすることでまとまりました。市では、面積が少なくなった分、すでに土盛りされていた隣接の雑種地も買い取ることとし、生物密度の濃い湿地に一体的につくっていくことにしました。

戸島地区の住民は？　前述の祥雲寺地区と同様です。不安と期待が交錯する中で、コウノトリと共生する地域づくりに踏み出すため、少しずつ「コウノトリ育む農法」に取り組む準備を進められています。

湿地予定地はすでに用地買収が完了し、二〇〇七年秋から工事が始まります。

ところで、なぜハチゴロウは地域や行政を動かすほどに影響力を持っていたのでしょう？　余談ですが、野生コウノトリの魅力について少し触れておきたいと思います。

ハチゴロウが豊岡に来る前に、私は彼の追っかけマンをしていたことがあります。二月の寒い日、島根県安来《やすぎし》市の田んぼで彼の姿を探していました。一面には、コハクチョウが三〇羽、五〇羽と群れ、賑やかに夕食を食べています。彼はというと、集団から離れた所でひとりぼっちでポツンと立ち、餌を探していました。元々の採餌下手に加え、とても生き物がいそうにありません、辺りは夕闇が迫っています。

孤独、どんくさい、か弱い。思わず「大丈夫か？」と声をかけたくなり、手を差し伸べたくなります。コウノトリは、人間をして「いじらしい」と思わせてしまう要素を持っている鳥な

図1-10　市民に愛されたハチゴロウ（2005年）。彼が頻繁に利用したこの場所が、やがて「ハチゴロウの戸島湿地」となる

のです。それでいて、グライダーのように飛ぶ姿は優雅だし、競合種に立ち向かう荒々しさも兼ね備えています。また、子育て時に見せる子煩悩さといえば……。こんなにもいろんな表情を見せてくれる大きくてきれいな鳥が目の前にいれば、誰だって虜になり、「何とかしたい」と考えるに違いありません。

二〇〇七年二月にハチゴロウの死亡が確認されたとき、多くの人がショックを受け、嘆き悲しみました。豊岡市は、彼の記憶を風化させないため、戸島の湿地の名称を「ハチゴロウの戸島湿地」とすることを決めました（図1-10）。

二〇〇七年春、国土交通省も戸島と同じ目的で、出石川の堤外田《ていがいでん》（河川区域内にある田んぼ）・約一七ヘクタールを湿地につくっていくことを発表しました。どちらも生産農地は減少しますが、「確実にコウノトリが舞い降りる」場所をつくることで地域のグレードが向上し、これを基に地域・農業の活性化が図れるのではないかと期待しています。

このほかにも盆地内に大小様々な生物密度の高い湿地を人工的に再生し、コウノトリ育む農法による田んぼの拡大や河川の自然再生等と併せて餌場の拠点を市内に点在させる。そして、それらを四季を通してネットワーク化する。こうして生物の多様性復活を一歩一歩着実に行っていけば、時間はかなりかかるでしょうが、かつての状態に近い生態系ピラミッドを築いていけるのではないか。そのように考えています。

地域文化の継承

冒頭のポスターの女性・角田しずさんには、その後も機会をつくっては訪ねてみました。親しくなるにつれ、時にはいじわる質問を投げかけます。

「コウノトリは、田んぼに降りてきて稲を踏んだでしょう?」

「ああ、田植えをした後の稲を踏むのでイヤな鳥でしたよ。ぼう（追い払う）と少しだけ離れて、また田んぼを歩く」

「どんなふうに追い払ったんです?」

「ホーッと叫んで。まぁ、コウノトリだけじゃなく、サギもおったんでしょうけど」

「そんなことでは追い払う効果がないでしょう?」

「しゃあ(仕方)ないですがな。どうせ田んぼに入ってくるのは一時《いっとき》の間だし、そこまでせんでも。なんせ、昔の田んぼにはタニシやドジョウや魚がようけ(たくさん)おりましたで」

日本のコウノトリは、明治初期から中期の間にほとんどが姿を消してしまいますが、その最も大きな原因は乱獲と言われています。人々が乱獲に走ったのは、江戸時代の「ご禁制」が解除されたことも大きいのですが、農業の近代化が進むにつれ、農家の価値観が「経済のみ優先」になってしまったためと考えています。効率化が重要視される中では、コウノトリやトキなど苗を踏み農業の振興を阻害するものは、「害鳥」であり、駆除することは当たり前だったのでしょう。事実、一八九二(明治二五)年、農商務省作成の『狩猟図説』は、コウノトリを「有害鳥」に区分けしています。

それにもかかわらず、豊岡周辺ではコウノトリは姿を消しませんでした。コウノトリを瑞《ずい》鳥《ちょう》とする風潮があったことも要因ですが、私は角田さんのように「一時のことだから我慢する」「排除まではしなくていい」という思いが農家全般にあったからだと思っています。これは、一見消極的なように見えますが、後年、コウノトリ野生復帰を本格的に取り組むようになって、

図1–11　田んぼに溶け込むコウノトリ。人と間違えることもしばしば

豊岡にはこの自然と折り合いをつけて暮らすという「豊岡型の共生思想」が素地にあるので進展できている、と思うようになりました。

豊岡のお年寄りが話されるコウノトリの思い出話は、ほぼパターンがいっしょです。

「田んぼに入ってくるので、しょっちゅう追い出していた」

「だけど、飛ぶ姿は、そりゃあ見事だったなあ」

みんな、有益か有害か、あるいは好きか嫌いかの二者択一ではなく、自身の中に多様性を有されているから出てくる言葉なのです。

角田さん宅を初めて訪問した当時には、野生復帰や農業の方向性などの実像らしきものは何も見えていませんでした。しかし、どの地域に入っても、生業である農業を経済の観点だけでなく、生き物や地域・環境など様々な観点でトータルにとらえようとする片鱗は、コウノトリを話題にするときには必ず顔を出していました。それは、コウノトリへの愛憎を語ることで、その地に合った農業を自然の中に身を置いて考えながら行いたいとの意思表示をされていたのだと思います。

豊岡盆地の人々が持つ多様性の根っこに、「コウノトリ」が地域の文化として息づいている限り、コウノトリはきっと将来にわたって豊岡に暮らし続けるだろう。そう思っています。

第二章

水田の農業湿地としての特性を活かす、ふゆみずたんぼ

日本雁を保護する会会長　呉地正行

水田は農地であると同時に、湿地としての機能も持つ農業湿地です。世界の農地の中で、水田のように湿地としての機能を持つものは極めて限られています。水田に特有の農業湿地としての機能をうまく使い、水鳥と水田農業の共存を可能にするのが、「ふゆみずたんぼ」です（図２−１）。

ここでは、この取り組みが最も活発に行われ、二〇〇五年に「蕪栗沼《かぶくりぬま》・周辺水田」として、水田に注目した初めてのラムサール条約湿地となった、蕪栗沼周辺での取り組みを紹介します。

ここで言う「ふゆみずたんぼ」とは、刈り取りが終わった農閑期の冬の水田に水を張り、水田農業と水鳥との共存・共生を目指す取り組みで、二つの目的を持っています。一つは冬の水

図2–1　ふゆみずたんぼに飛来したガン、ハクチョウ

鳥の生息環境を創出することです。もう一つは、環境に配慮した農法（有機栽培や不耕起栽培など）との組み合わせにより、水田の生物多様性を高め、生き物の力を活かした新しい農法を追求することです。

「水田」に注目した初めてのラムサール条約湿地・蕪栗沼

はじめに、蕪栗沼について、簡単に紹介します。蕪栗沼はガン類の日本最大級の越冬地の一つで、冬になると多数のガンやハクチョウ類が渡ってきます。また、ガンやカモを獲物とする猛禽類も多数飛来し、冬の沼はとても賑やかになります。水面下では、激減したものの、ゼニタナゴという希少魚類も生息し、水の中から大空まで多様な生き物が棲む生物多様性がとても高い沼です。

これらの生き物の中で、蕪栗沼を最も特徴づけるのは、冬に渡ってくるガンの群れです。大型のガンであるオオヒシクイもいますし、特にマガンは最大六万羽を超える群れが蕪栗沼に塒《ねぐら》をとります。日の出とともに一斉に沼を飛び立つ光景は、冬の間は毎朝見ることができます。この光景は、言葉で伝えきれない迫力があります。ぜひ多くの人が実物を見て、その感動を体感してほしいと思います。

二〇〇五年一一月、東アフリカのウガンダで第九回ラムサール条約締約国会議が開催され、私も参加しました。その会議期間中に、「蕪栗沼・周辺水田」が、国際的に重要な湿地としてラムサール条約湿地に登録されました。他のほとんどのラムサール条約湿地が、水域だけを登録しているのに対し、蕪栗沼・周辺水田の場合はその名称が示すように、沼だけでなくその周辺水田を広く含む条約湿地となりました。

蕪栗沼は世界で一五四五番目の登録湿地になりましたが、周辺の水田を農業湿地として注目し、積極的に広く取り入れた、日本で初めての条約湿地です。恐らく世界でも初めての例と思われますが、これが可能となった背景には、二〇〇二年にスペインのバレンシアで開催された第八回ラムサール条約締約国会議で、ラムサール条約史上初めての農業に関する決議（八・三四：農業、湿地および水資源の管理）が採択されたことを挙げることができます。この決議は、湿地の保全と持続可能な利用を可能にする農法と農業政策の必要性を認め、この取り組みにプラスになることは支援し、マイナスになることは湿地保全に貢献するものに置き換えるよう、締約国政府に強く要請するものです。この決議により日本国政府は、国際的な責任のもとに、ラムサール条約湿地内の農業湿地（水田）に対し、その湿地環境を活かす農法を積極的に支援することが求められるようになりました。別の見方をすれば、ラムサール条約湿地の枠組みは、国の環境農業施策を誘導するための有効な道具になりうることを意味しています。

湿地保全と持続可能な水田農業の両立への道

それまでは地元農家の多くが、ラムサール条約湿地への登録は農業に対する規制や制約になると考えていました。しかし、話し合いを重ねる中で、ラムサール条約を環境・農業施策を誘導する道具として積極的に活用し、持続可能な水田農業を目指そうという強い思いを多くの農家や関係者が持つようになり、周辺水田を含むラムサール条約湿地が実現しました。

蕪栗沼の周辺水田では、湿地としての機能を高め、環境を活かした、ふゆみずたんぼを中心とした農法が積極的に導入され、またその取り組みへの支援も行われています。その結果、沼周辺の湿地環境が改善され、同時に生き物の力を活かした付加価値の高い「ふゆみずたんぼ米」などの生産とともに、水鳥にとって住みやすい環境を取り戻すことも可能になりました（図2−2）。しかし、農家が環境に配慮した「ふゆみずたんぼ米」を生産しても、それを評価し、購入、消費する仕組みが確立しなければ、経済活動としては成り立ちません。そのために、ふゆみずたんぼ米に関わる生産者、流通関係者、外食関係者、消費者、行政関係者、研究者、および湿地の環境保護運動関係者が、お米で一つの環をつくることが必要になってきました。前回のラムサール条約締約国会議には、これらの多様な分野の人々が、はるばるアフリカのウガンダまで行き、いっしょに蕪栗沼と周辺水田のラムサール条約湿地登録を祝い、農業湿地としての水田の賢明な利用法を互いに確認しました（図2−3）。その結果、異分野の人々の間に、共通の土俵ができ、これが蕪栗沼周辺での、ふゆみずたんぼの取り組みを支える大きな力になっています。

図2−2　水鳥を象徴とする、生き物の力を借りて生産された「ふゆみずたんぼ米」

また蕪栗沼は、ラムサール条約湿地への登録に

図2-3　ラムサール条約湿地登録を祝う蕪栗沼関係者（ウガンダの首都カンパラにて、2005年11月）

先立ち、一九九九年五月に「東アジア地域ガンカモ類重要生息地ネットワーク」に参加しています。これは、東アジア六カ国が参加し、渡り鳥のガンカモ類にとって重要な湿地のネットワーク全体の保全と、そのための啓発等を行う枠組みです。今回、ラムサール条約湿地にも登録されたことにより、水鳥と湿地の保全のための車の両輪が整ったことになります。

日本のガン類が抱える問題

ガンカモ類は蕪栗沼を特徴づける鳥ですが、はじめに日本全国でのガン、カモ、ハクチョウ類の状況を説明しておきます。毎年一月に環境省により行われている、全国ガンカモ類生息地調査の最近の結果によると、カモ類は、全国で約二百万羽と圧倒的に多く、ガン類が十数万羽、ハクチョウ類が約十万羽確認されています。数の多さではカモ類、ガン類、ハクチョウ類の順になります。一方、生息地の数は、カモ類は約八千カ所、ハクチョウ類は六百〜八百カ所ありますが、ガン類は、定期的な渡来地の数は、五十カ所程度と極端に少ない状態が続いています。そのために特定の場所にガン類が集中し、その分散化が今、大きな課題になっています。

ガン類の生息地は昔から少なかったわけではありません。今から七十年ほど前までは、ほぼ全国に渡来していました。それが四十年ほど前になると、南から次第に姿を消し、現在は北日本と日本海側の限られた場所でしか見られない鳥になってしまいました。

図2–4は、ガン類の個体数と渡来地数の変化を表したものです。かつてはガン類の個体数も渡来地数も多かったことがわかりますが、狩猟鳥だったため、狩猟圧に生息地の湿地の開発も加わり、個体数も生息地数も急激に減ってしまいました。一九七一年が一番のどん底で、その数は数千羽までに減少し、絶滅の危機に直面しました。ちょうどこの年は豊岡市の野生のコウノトリが絶滅した年で、日本の生き物にとっては一番厳しい時期でした。

幸いガン類の場合は一九七一年に、それまで狩猟鳥だったマガンとヒシクイの狩猟が禁止されました。国の天然記念物にも指定され、法的に保護されるようになり、個体数減少に歯止め

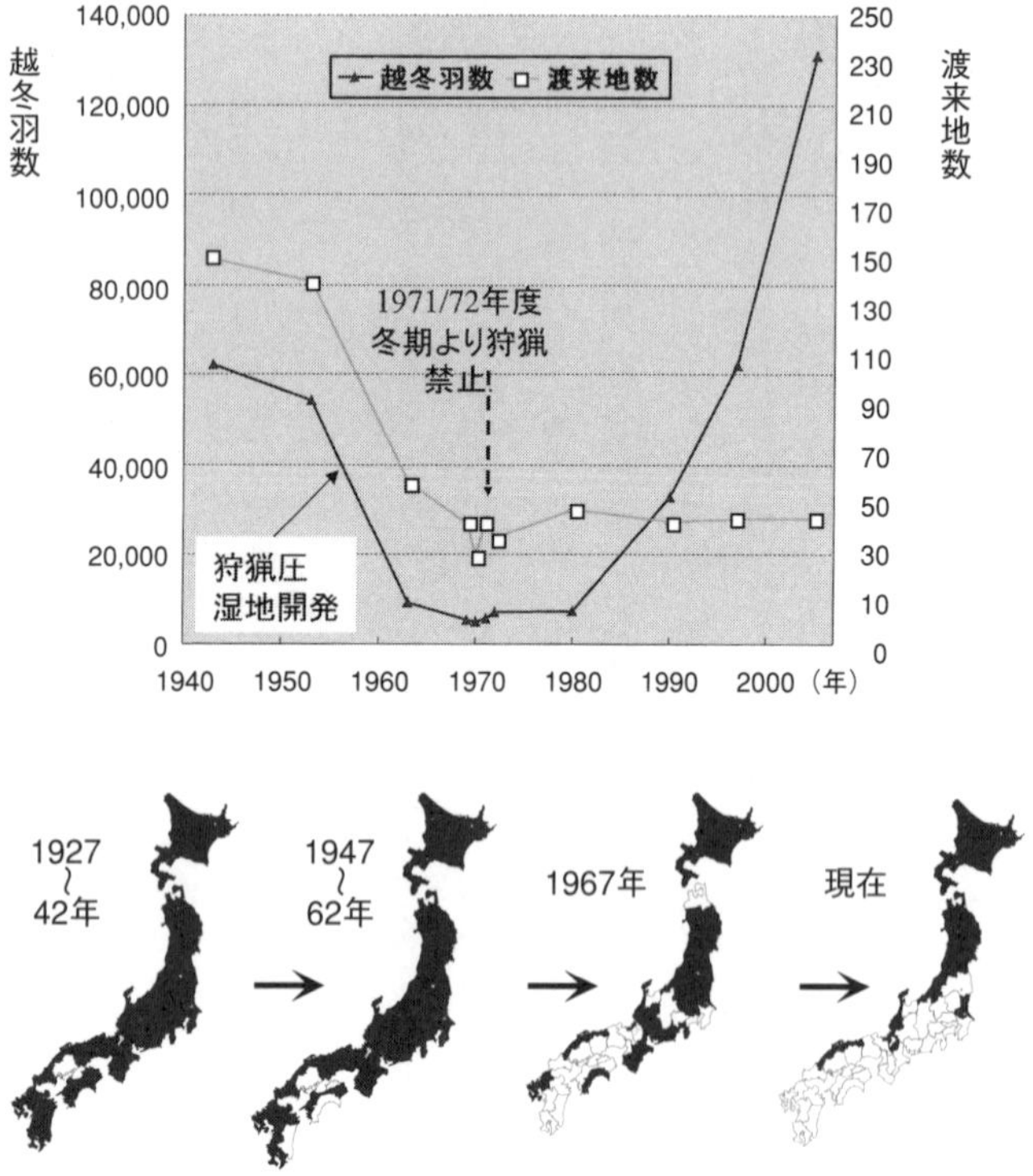

図2-4　ガン類の分布、個体数、生息地数の変遷

がかかりました。その後個体数は増加し始め、現在は十万羽を超えるようになり、絶滅の危機を免れましたが、この対応がちょっと遅れると、「昔は日本にガンがいました」ということになりかねなかったと思います。

このようにガン類の個体数は回復し、絶滅の危機は免れましたが、その生息地の数は依然として増加していません。現在、日本に渡来するガン類の八割以上が、宮城県の伊豆沼や蕪栗沼周辺に集中しています。個体数が増加すれば、生息地も増えるのが普通ですが、ガン類の場合、個体数は増加しても生息地の数は増加せず、特定の場所に集中する傾向が年々顕著になってきました。集中化が起きると、感染症や、水を介した問題などにより、一挙に群れが絶滅してしまう危険性が増大します。また食物資源の不足や、農業被害の増大など、様々な問題が起きる可能性が高まります。これらは人のためにも鳥のためにも困った問題です。どのようにしたらガン類の生息地を拡大・分散化させることができるかが、現在の最重要課題と言えるでしょう。

湿地環境の減少と水鳥の集中化

ガン類の分布が広がらない背景として、ガン類を含む水鳥たちが依存している湿地環境の減少を挙げることができます。図2-5は過去一〇〇年間の日本の湿地の変遷を表したものです。この一〇〇年間で、全国の湿地の六一%が消滅し、ガン類の生息環境が非常に限られてしまったことがよくわかります。一〇〇年前に湿地面積が一番広かったのは北海道で、次が青森、宮城という順番になっていますが、湿地消滅の程度は、湿地面積が広かった都道府県ほど顕著です。ここ一〇〇年間の湿地の減少率は全国平均では六一%ですが、宮城県、千葉県、茨城県、青森県などの、かつて湿地面積が広かった県では、軒並み九十%前後の面積の湿地が消滅し、一〇〇年間で劇的に湿地環境が減少したことがわかります。このことが、ガン類のように広い湿地を生息地とする水鳥たちの分布を制限し、その拡大を困難にしている主要な要因です。

図2-6は、ガン類の最大の越冬地となっている宮城県北部の仙北平野での過去一〇〇年間の湿地の変遷を示したものです。この地域は、現在のガン類の最大の越冬地でとなっている伊豆沼や蕪栗沼など、比較的多くの湖沼が残されている地域です。約一〇〇年前、仙北平野には四〇の湖沼がありましたが、この一〇〇年間で三一の湖沼が干拓されて完全に消滅しました。また部分的に干拓され、面積は半減したものの、何とか残った湖沼が六つあり、その中に蕪栗

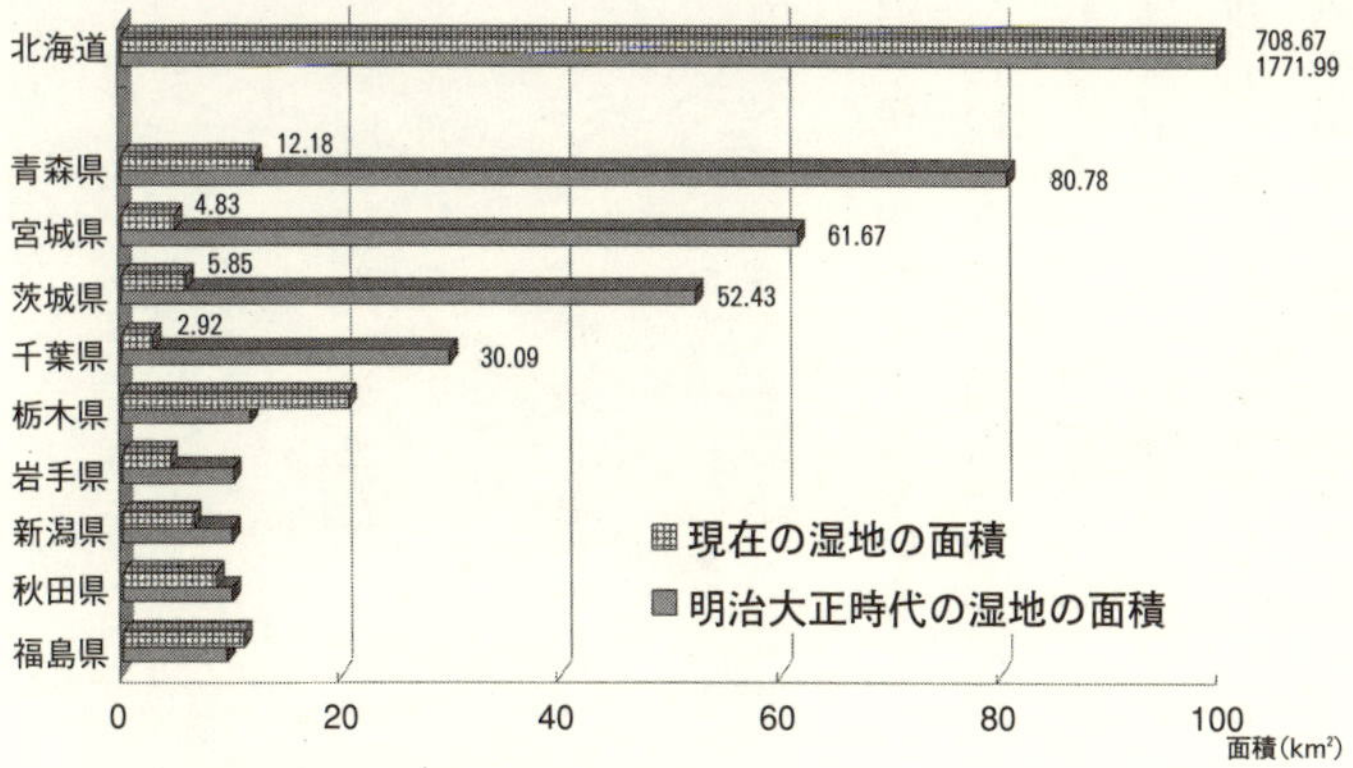

過去100年間の湿地面積の変化（km²）

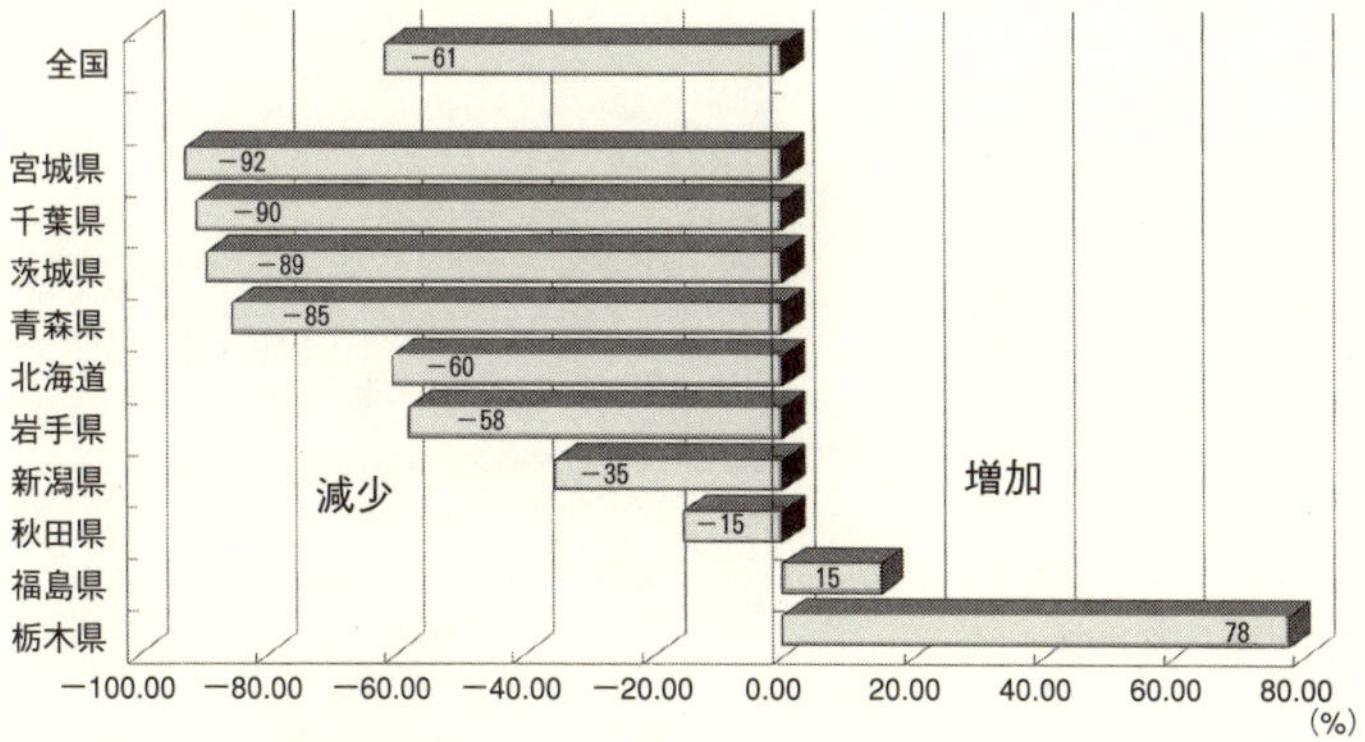

過去100年間の湿地面積の減少率（%）

図2-5　日本の湿地環境の変化。100年前の湿地面積ベスト10都道府県のその後の湿地面積の変化を、湿地面積（上）とその減少率（下）で示した。出典：国土地理院（2000）を編集

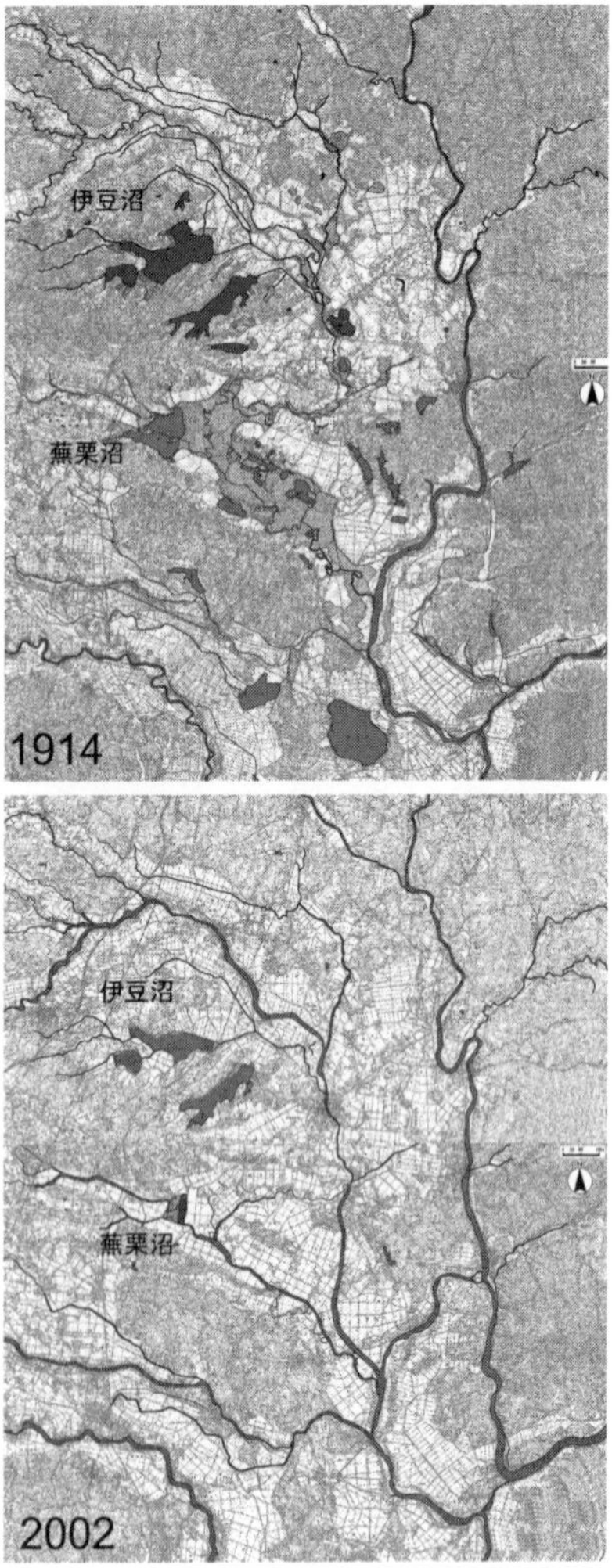

図2-6　仙北平野での湿地の変遷（1914年→2000年）。出典：国土地理院資料より作成

沼や伊豆沼が含まれています。

このように、過去一〇〇年間に九割の湖沼で干拓が行われ、その八割は完全に消滅してしまいましたが、これは水辺の生き物にとっては大問題で、様々な負の影響が生じました。図2-7は蕪栗沼周辺での湿地環境の変化を示した地図です。一〇〇年近く前の一九一四年の地図では、湖沼も湿地もかなり多かったことがわかります。それが次第に消滅し、現在ではほとんどの湖沼や湿地が消え、かろうじて残った蕪栗沼も小さな沼になってしまいました。そのために、こ

の付近で水鳥たちに残された生息地は蕪栗沼だけとなり、その結果、蕪栗沼への集中化が起きてしまいました。

湿地劣化に拍車をかけた「乾田化」

現在の水田の多くは、自然湿地を失うことにより生み出された農地です。しかし、水田は他の農地とは異なり、水を張りながら稲を育て、主食の「米」を何千年にもわたり供給し続けてきた実績を持っています。世界の農地の中で、持続可能な農業湿地としての特性を持つものは、モンスーンアジアを中心に広く分布する水田だけです。また水田は、その特性を活かした管理を行えば、農地として利用しながら、湿地環境としての質をさらに高めることも可能です。

このことは、一〇〇年前の湖沼湿地環境を回復するための鍵が、水田の農業湿地としての特性をうまく活かす方法の中にあることを暗示しています。

その一方で、湿地の視点から水田の歴史を辿っていくと、大きな変化が起きていることがわかります。過去一〇〇年間で、自然の湿地の多くが、まず湿田になり、その後土木技術の進歩により、乾田化されました。最近はさらに畑にも使えるように極度に乾田化された、「超乾田」が増加し、水はけをよくするために排水路を深く掘り下げるようになりました。そのために水

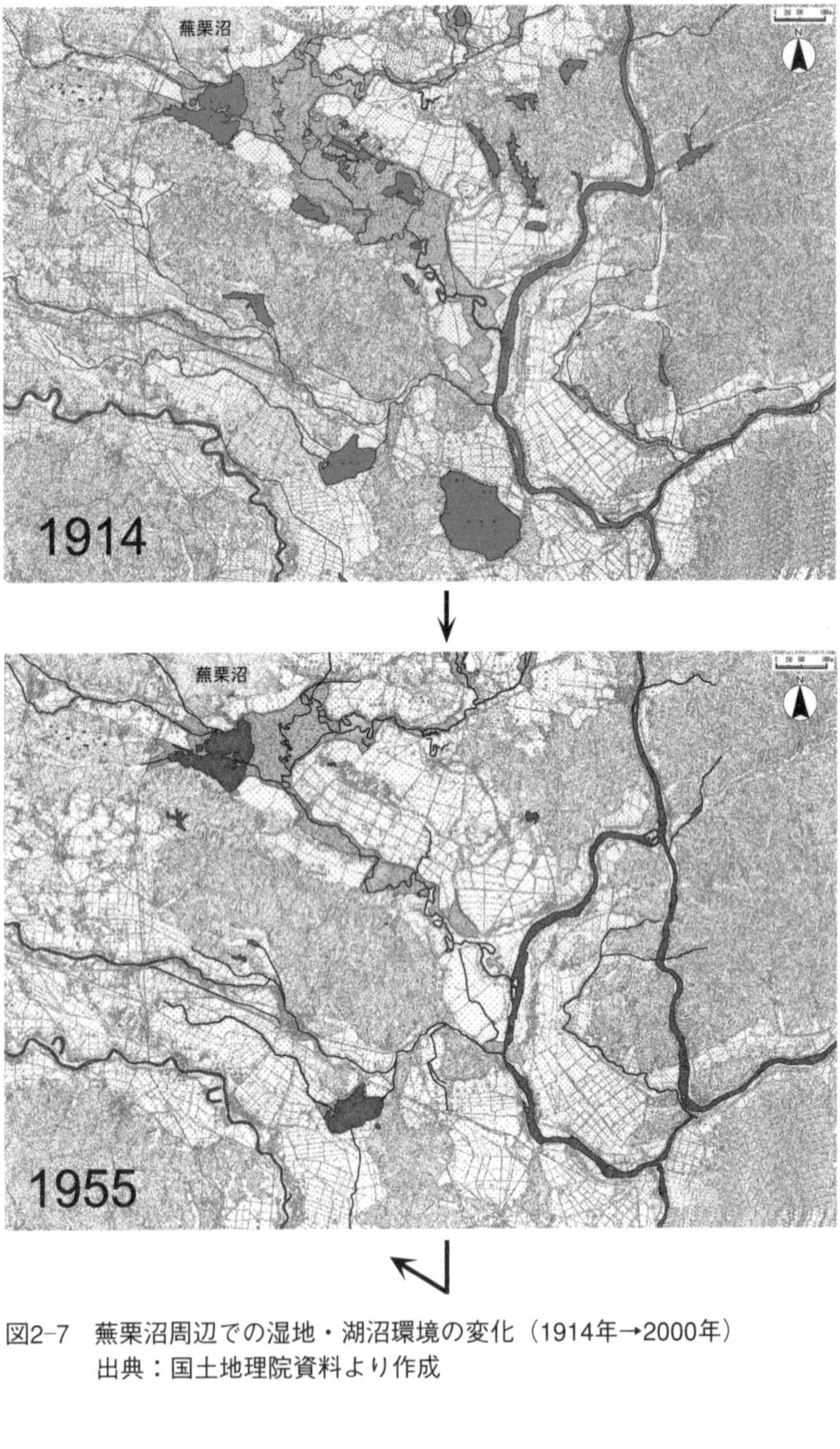

図2-7　蕪栗沼周辺での湿地・湖沼環境の変化（1914年→2000年）
出典：国土地理院資料より作成

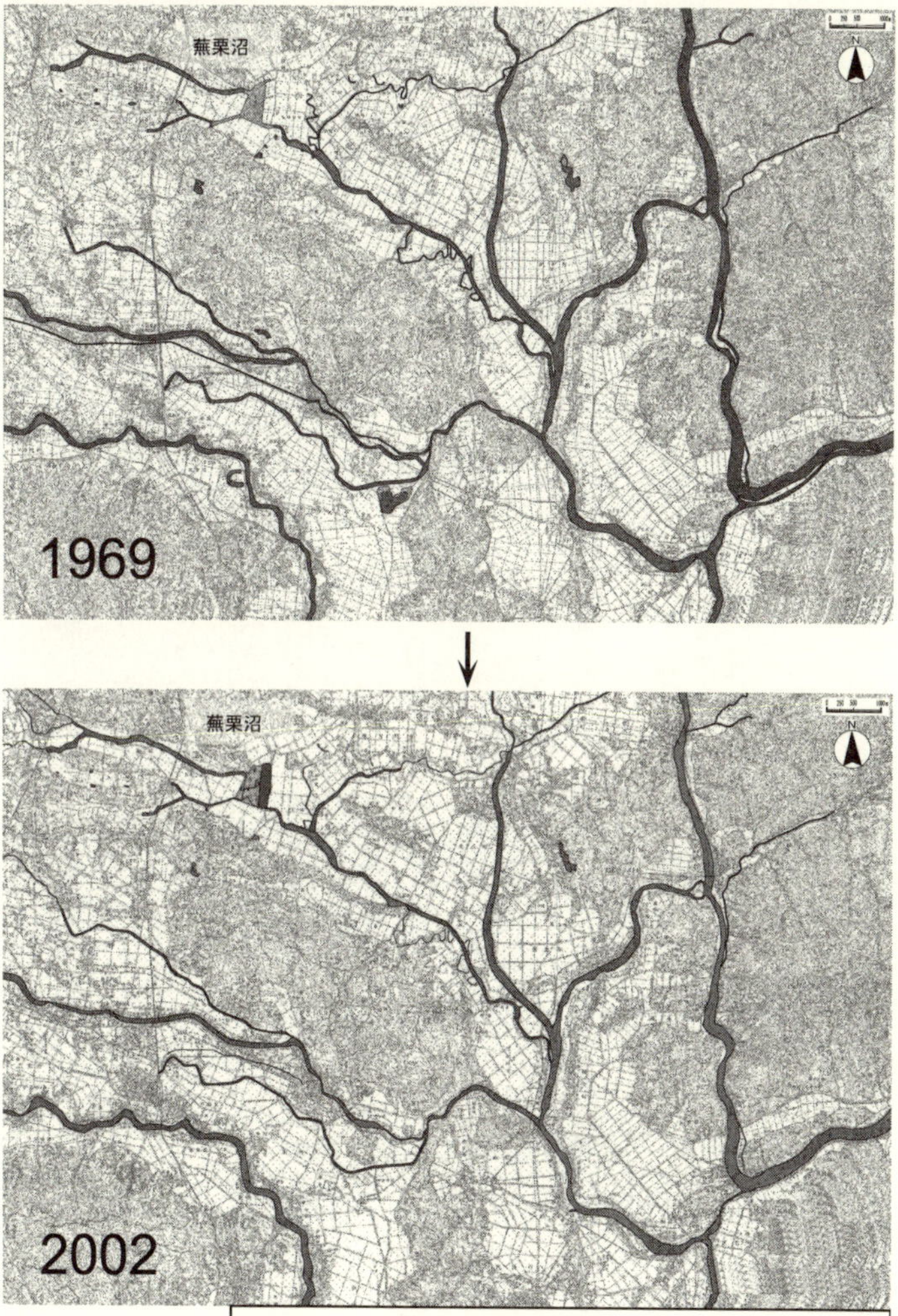
蕪栗沼
1969
蕪栗沼
2002
凡例
河川・湖沼
ヨシ等の湿地

路と水田が完全に分断化され、魚が水田に遡上できなくなりました。すでに超乾田化されてしまった水田については、簡易魚道等を設置し、対処的な解決法も用いられていますが、乾田化・超乾田化に向かうこの流れを変えない限り、水辺の生き物の将来を保障することは難しいでしょう。

例えば、宮城県の場合、二〇〇〇年には一〇四箇所で、二万一八八三ヘクタールの水田の圃場整備が行われましたが、その七八％で乾田化工事が行われています（千葉克己、私信）。このように、自然の湿地の多くが湿田、乾田を経て超乾田化され、水辺環境からますます遠ざかってしまいました。そのために、特に湿田への依存性が高い生き物の代表であるコウノトリやトキなどの鳥が、一番大きな影響を受け、野生の鳥は絶滅してしまいました。また、身近な生き物だったチュウサギ、ニホンアカガエルそしてメダカなども激減し、これらを含め多くの絶滅危惧種を生み出してしまいました。これは私たち人間が里地・里山を、破壊的方法で改変してきた結果で、絶滅危惧種の約半数が里地・里山に集中していることは、そのことを物語っています。

湖沼復元一〇〇年計画

宮城県北部では冬の水田にハクチョウがいる風景はよく見かけますが、注意して観察すると、特定の水田に集中していることがわかります。冬の気候が乾燥している太平洋側の宮城県では、冬は水田の多くが乾燥しているので、少しでも水がある水田があると、そこにハクチョウたちが集まってきます。これは、乾燥した冬の水田地帯の中に、ちょっとした水のある水田環境をつくることにより、水辺の生き物に、今よりも住み心地がよい環境を提供できることを意味しています。

これを具体化するものとして、私たちは「湖沼復元一〇〇年計画」を提案しています。過去一〇〇年間に失った湿地を、これから一〇〇年かけて取り戻していこうというのが、この計画の骨子です。これは一〇〇年前と全く同じ環境に戻すということではなく、一〇〇年前の湿地環境を意識した土地利用と管理をしながら、一〇〇年前の湿地環境に近づけてゆこうというものです。具体的には、沼を干拓してできた水田は、できるだけ沼の特性を活かし、水を活かした管理を行いながら、

(1) 耕作放棄水田は、湿地に復元する。
(2) 休耕田は通年湛水し、湿地として管理する。
(3) 水持ちの良い水田は、冬も水を張り、「ふゆみずたんぼ」とする。
(4) これらの取り組みを支援する仕組みをつくる。

というもので、これを実行すれば、これまでに干拓した土地を水田として利用しながら、かつ

ての湿地環境に近づけることは、十分可能だと思います。

特に最近は、耕作放棄地が急激に増加し、二〇〇〇年から二〇〇五年の五年間で倍増し、経営耕地面積の一〇%を超えるようになりました。耕作放棄地は、今後さらに増えるだろうと言われ、国の農業政策の中でも最大の課題だとも言われています。湿地復元一〇〇年計画をうまく活かせば、耕作放棄地問題を解決する非常に有効な方法になると思いますが、これを実現するためには、農地の所有者である農家の合意が必要となります。そのためには、農家との共通理解を深めることが不可欠ですが、宮城県の蕪栗沼周辺では、その成果を「蕪栗沼宣言」として具体化することができました（表2−1）。これは、水鳥の雁と共生できる農業を目指すことが、持続可能で豊かな農業を保証することになることを確認し、その道を目指そうという宣言で、一九九六年に開催された農業と雁との共生をテーマにした雁のシンポジウムで採択されたものです。それまでは農業と水鳥との関係は非常に対立的でしたが、これを一つの契機に、両者が共存共生できる道の模索を始めました。農業側からは、雁をうまく利用した農業を行い、それが付加価値のあるお米を生み出すことになり、それが結果として雁の生息地を守るということになります。

表2-1　蕪栗沼宣言

蕪 栗 沼 宣 言

我々、第12回雁のシンポジウム参者一同は、

蕪栗沼とその周辺水田の湿地環境が、世界に誇る宮城県田尻町の宝であることを認識し、

その豊かな湿地環境を求めて飛来する渡り鳥ガンの国際的に重要でかつ国内最大の越冬地の一つであることを認識し、

その湿地景観を維持することがガン類のみならず地元住民を含む人類全体に多大の恩恵をもたらすことを確認し、

水田の自然度を高める環境保全型農業を推進して水田がガン類のより良い採食地にもなるよう努め、

それを踏まえガン類と共生できる豊かな農業を目指すことが地の利を活かした持続可能な農業を保障する事を確認し、

蕪栗沼とその周辺水田に生息する鳥類・動植物・魚介類などの保護管理とその湿地景観保全を行なうために、

地域住民を含む様々な分野の人々が参加してその英知を具体化できる蕪栗沼と周辺水田の管理計画の策定を求め、

蕪栗沼ラムサール準備委員会の設立も含め、蕪栗沼の価値を損なうことなく21世紀の子孫へ引きつぐために、

できる限りの努力をすることをここに宣言する。

1996年12月8日

宮城県田尻町 加護坊 四季彩館にて

第12回雁のシンポジウム参加者一同

ふゆみずたんぼのネットワークでガンの生息地を拡大

その一方で、水鳥がいると、農産物に対して被害を起こすこともあるので、水鳥（ガン、カモ、ハクチョウ）が引き起こすマイナス面を穴埋めする仕組みとなる町の食害補償条例も、伊豆沼周辺の条例を参考にして、策定されました（旧田尻町、二〇〇〇年）。穴埋めする仕組みをつくりながら、水鳥を生かすプラスの仕組みづくりに知恵を絞ってきましたが、その具体的な成果が、「ふゆみずたんぼ」の取り組みです。

ふゆみずたんぼを始める大きなきっかけになったのは、蕪栗沼に隣接する白鳥《しらとり》地区水田（五〇ヘクタール）での湿地復元の取り組みです。関係者の合意のもとに、白鳥地区水田に水を張り、自然湿地に復元したところ、非常に豊かな湿地となり、環境に敏感なガンたちも塒《ねぐら》として利用するようになりました（図2-8）。白鳥復元湿地の経過を観察することにより、五〇ヘクタールほどの面積の水田に水を張ってやれば、それがガンの塒になるということがわかってきました。そこでこの仕組みをうまく使って、伊豆沼や蕪栗沼に集中しているガン（主にマガン）の分布を広げる方法を考え始めました。

そのためには、ガンがどのような生活をしているのかを知ることが必要です。ガンは早朝に、塒となる沼を飛び立ち、日中は採食地となる水田で過ごし、夕方に再び沼に戻るという生活を

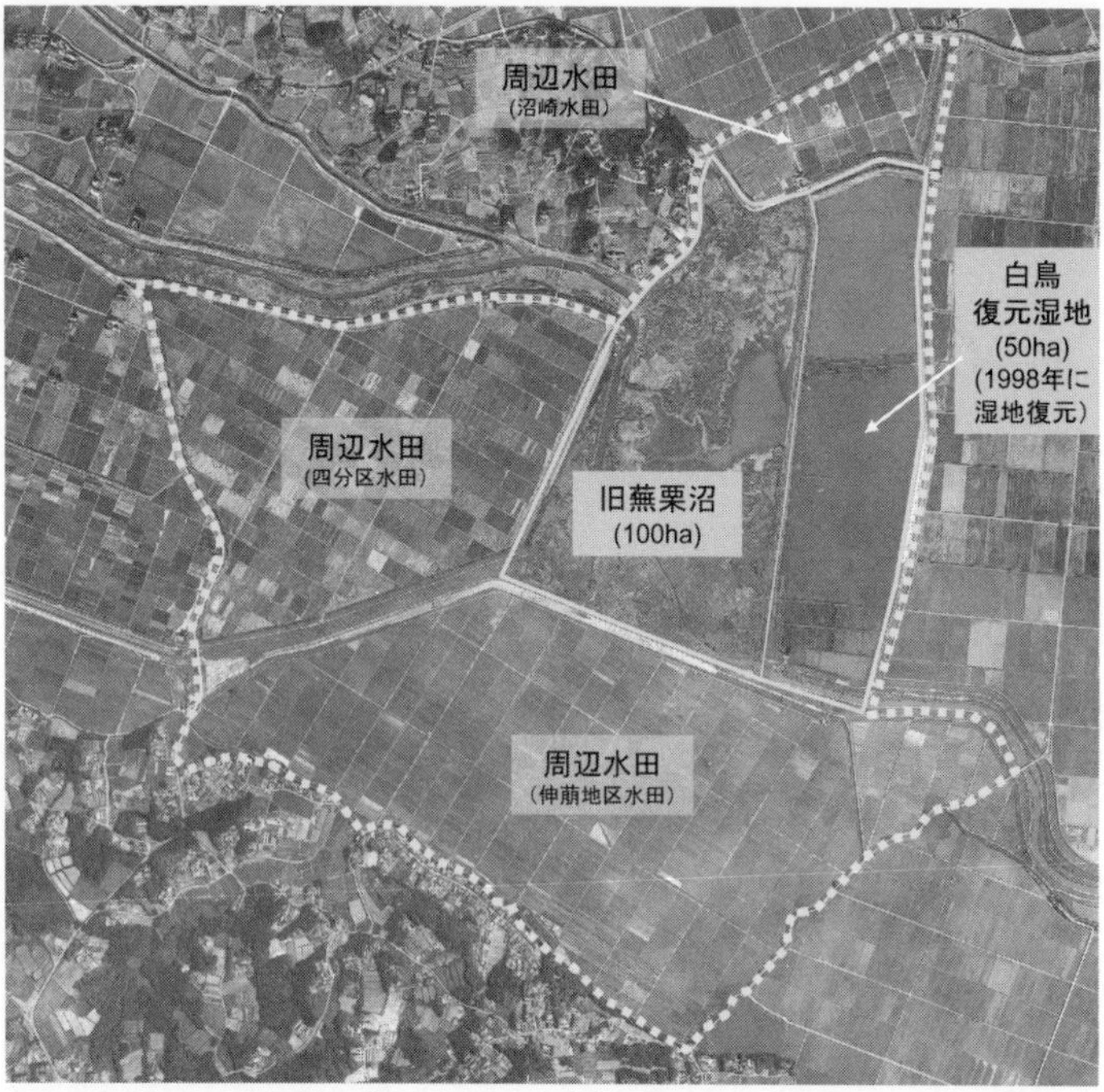

図2-8　水田から湿地に復元された白鳥復元湿地と「蕪栗沼・周辺水田」ラムサール条約湿地の範囲（1998年）

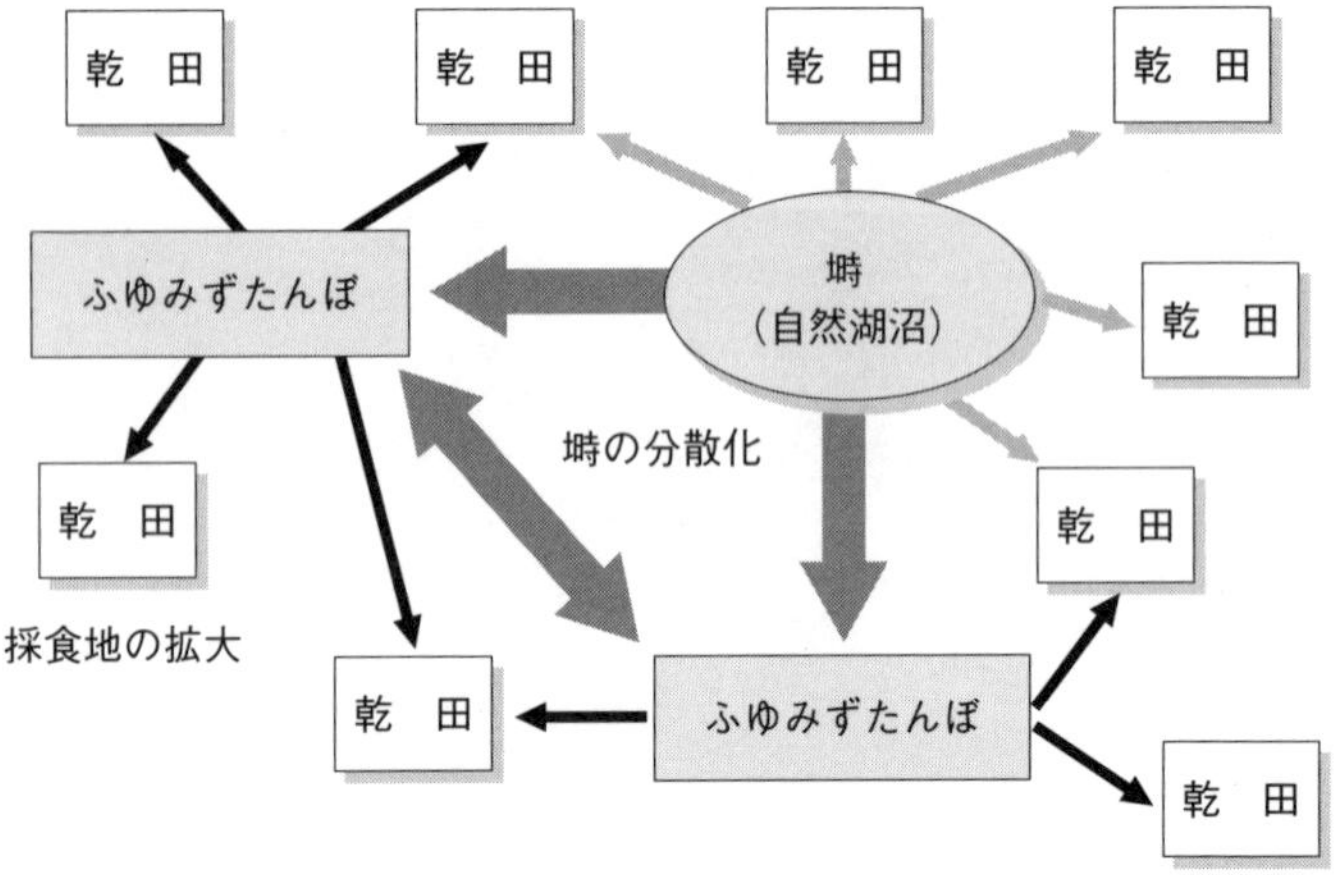

図2-9　ふゆみずたんぼを用いたガン類の塒の分散化と採食地の拡大

しています。またガンたちは、沼から半径一〇キロメートル程度までの水田を主な採食地として利用しています。ガンの分布が広がらないのは、塒となる沼が限られているからです。

この問題を解決するためには、ガンの塒を増やすことが不可欠です。現在のガンの生息地は、その塒となっている伊豆沼や蕪栗沼を中心に、半径一〇キロメートル程度までの水田を主に利用し、それより遠くの水田は、あまり利用されません。しかし、蕪栗沼を塒とするガンの生活圏内の水田に、「ふゆみずたんぼ」と呼んでいる水張り水田を冬期間に創出し、そこをガンの新たな塒とすることができれば、そこを中心に、さらに半径一〇キロメートルの範囲の水田を新たなガンの生息地とすることが可能です（図2-9）。そして、全国でふゆみずたんぼに取り組んでいる農家の人たち

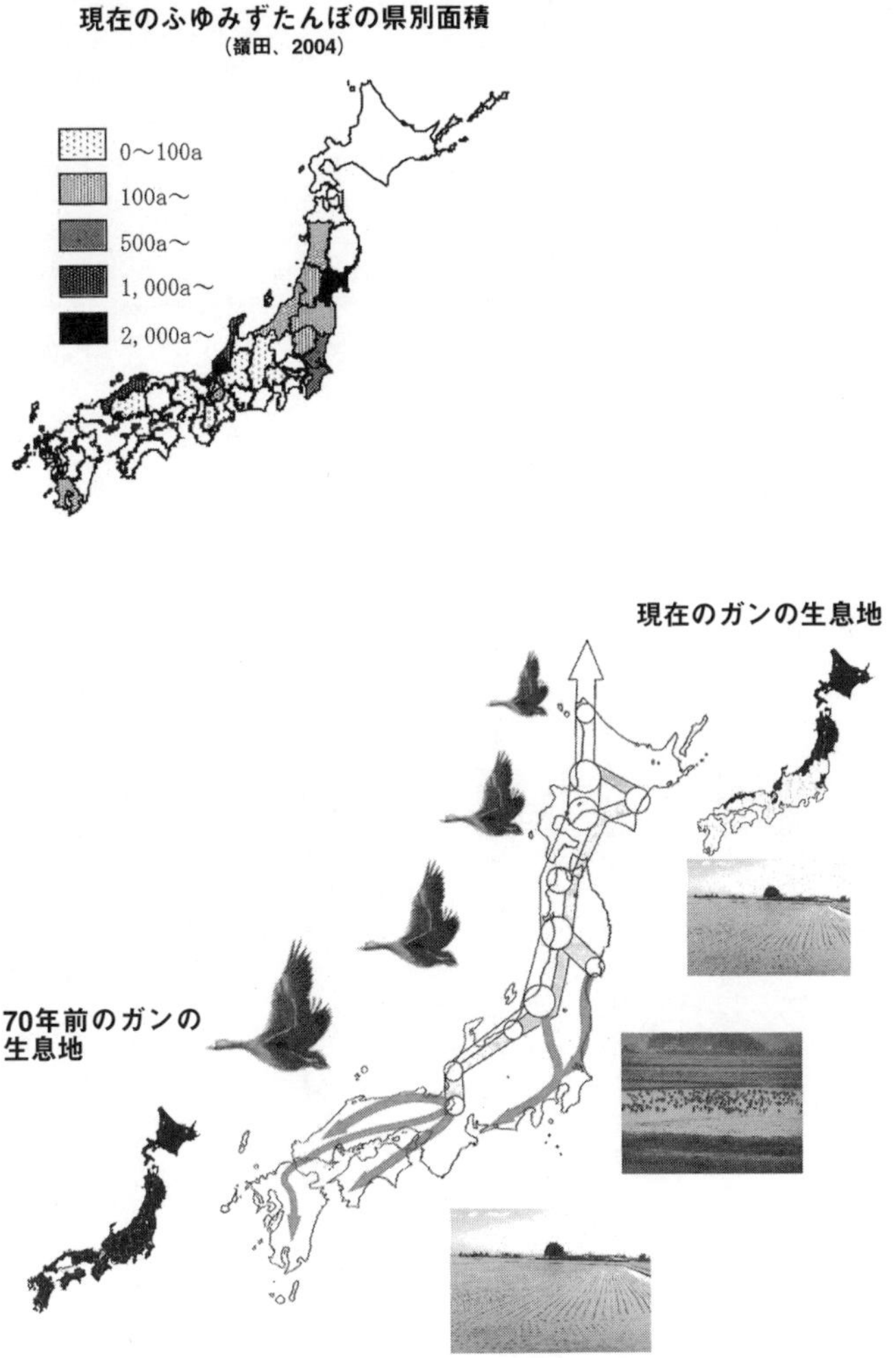

図2-10　ふゆみずたんぼのネットワークを用いたガン類の渡り経路復元図

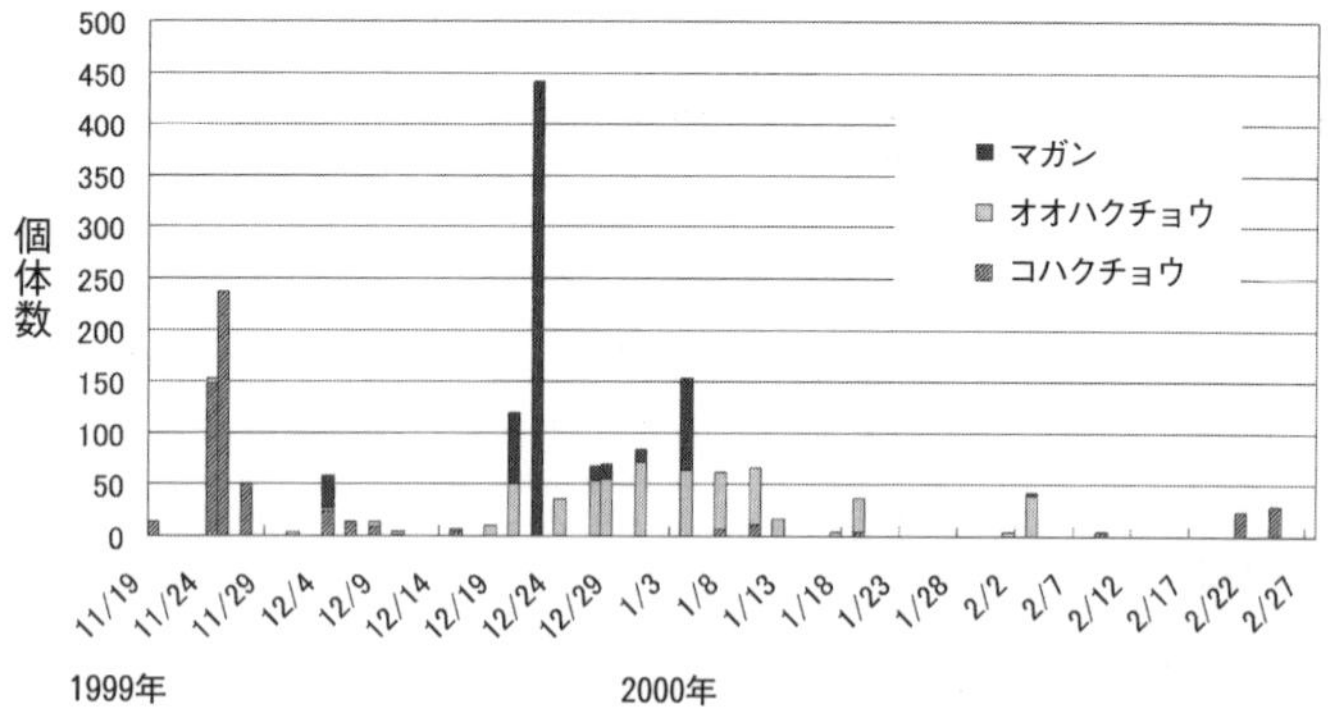

図2–11　ふゆみずたんぼに飛来したハクチョウ類とマガン
出典：岩渕ほか（2001）を編集

と協働し、かつての渡りの経路沿いにふゆみずたんぼのネットワークを広げることにより、ガンたちを再び全国に取り戻そうというのが、鳥の立場から目指す、ふゆみずたんぼの目標です（図2–10）。

生き物の賑わいとその力を活かした農業の共存を可能にするふゆみずたんぼ

実際に冬の水田に水を張ると、日中にハクチョウやガン、夜間にカモが飛来します（図2–11）。図2–12は、ふゆみずたんぼを含む水田地帯での、マガンの日中の分布と行動を示したものです。マガンは午前中と午後に乾いた水田で主に採食し、昼前後にふゆみずたんぼに集中し、休息、羽づくろい、飲水を行うことがわかりました。この調査結果は、ふゆみずたんぼが、マガンにとって、「沼」と同様の機能を持っていることを示

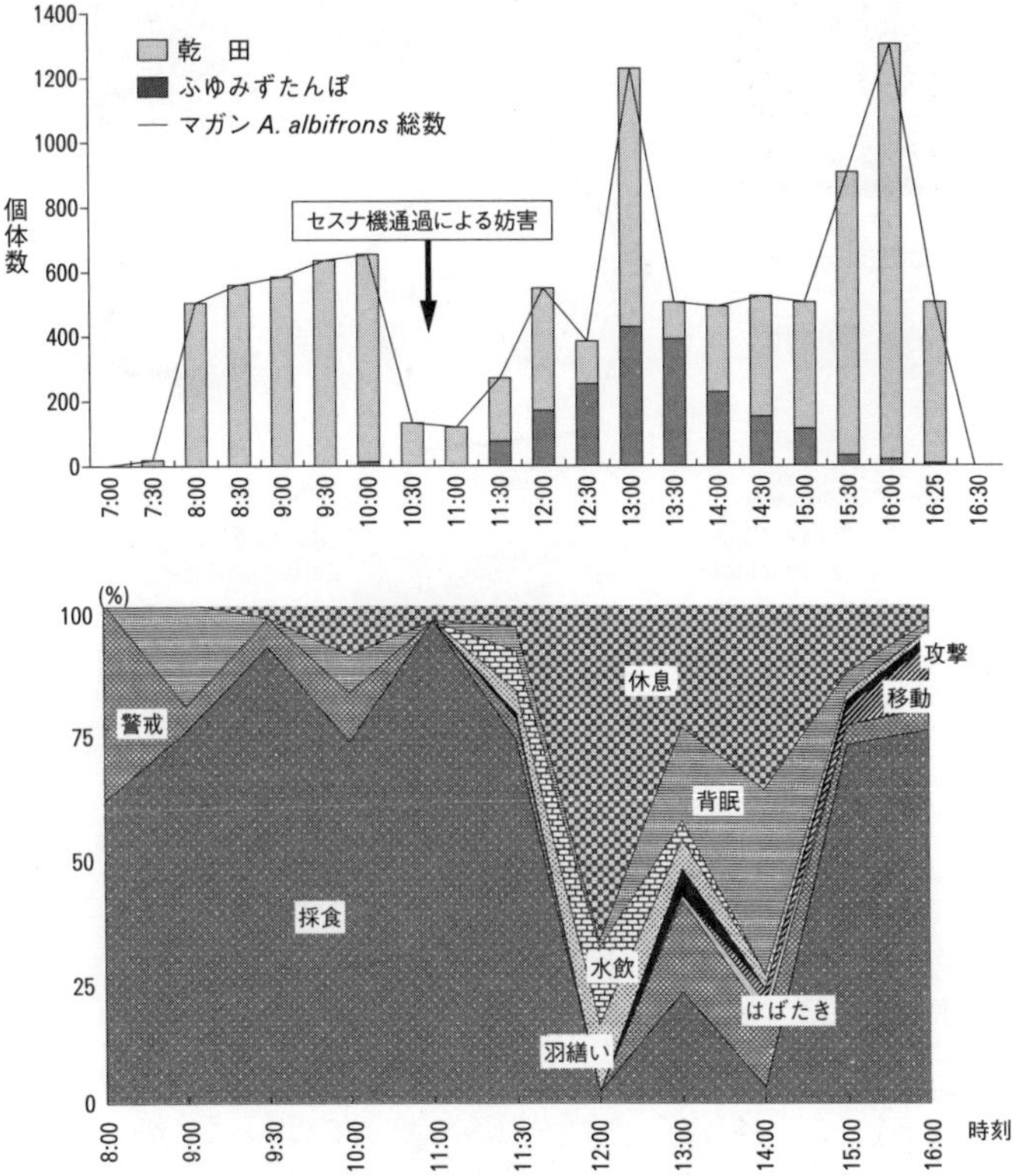

図2-12　マガンの水田での日周行動および乾田とふゆみずたんぼの使い分け（1999年12月22日、田尻町内水田）

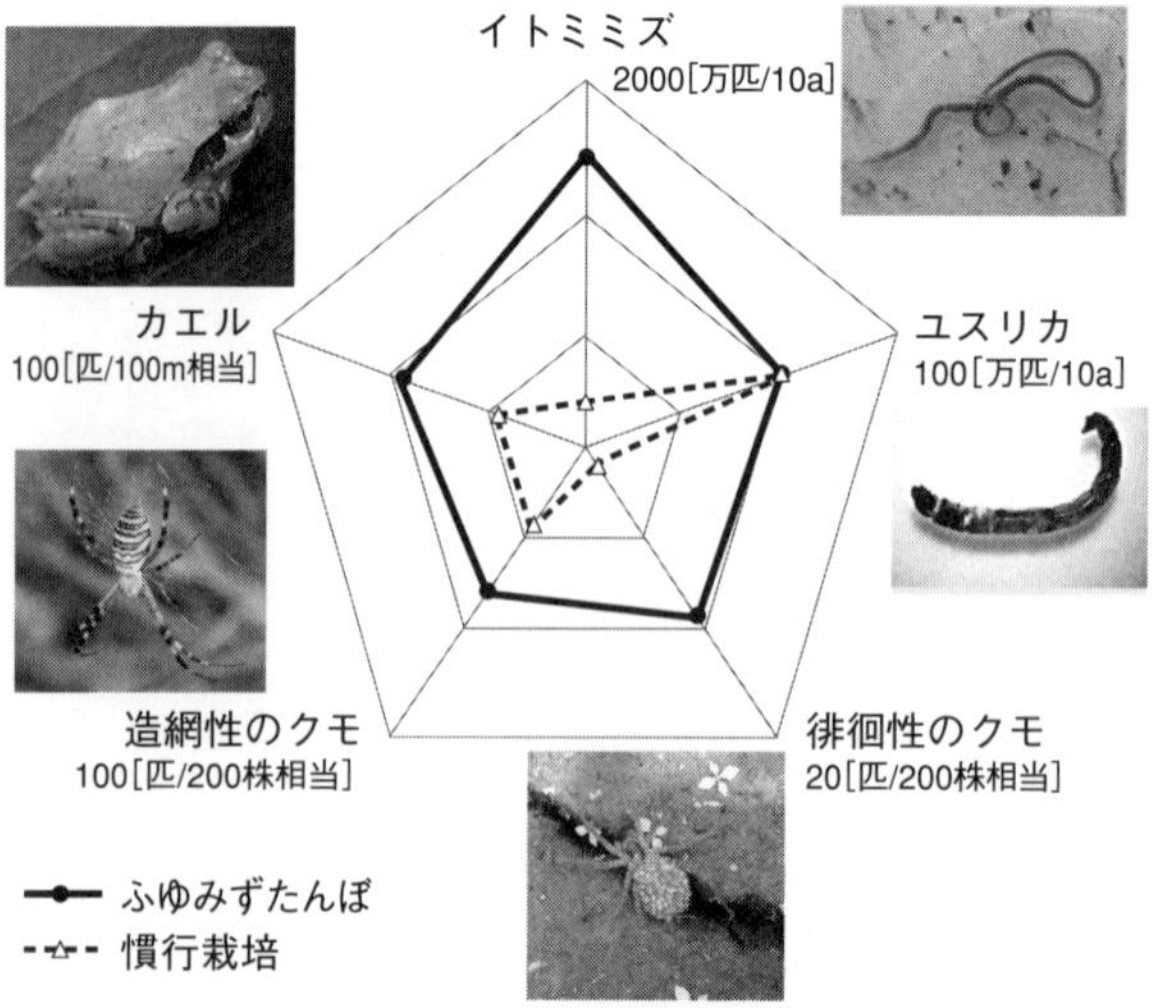

図2–13　ふゆみずたんぼ*と慣行農法水田の生物相の比較
2004年8月11日、伊豆沼二工区調査結果（岩渕ほか）
＊：冬期湛水、不耕起栽培

しています。

一方、ふゆみずたんぼは、農業面からは生き物の力を活かした新しい農法と言えます。ふゆみずたんぼにすると、イトミミズの増加による、雑草の発芽や生育を抑える抑草効果、天敵のクモやカエルの増加による害虫抑制効果、また、水鳥の糞による施肥効果などがあることもわかってきました。また、沼と水田を往復するガンたちは、地域の物質循環にも大きな貢献をしている可能性も高まってきました。さらに、水鳥は種類ごとにそれぞれ好みの水深があり、これを意識した水深管理を行うことにより、様々な水鳥の中から自分の好みの水鳥を水田に呼び寄せることもできます。

冬の水田に水を張ると、様々な生き物がよみがえり、水田の生物多様性が高まります。

この変化は冬だけではなく、夏にはさらに顕著になります（図2-13）。夏の水鳥の世界にも変化が見られるようになりました。サギ類は夏の水田を代表する水鳥ですが、このサギ類が、夏にどのような水田を利用するのかを、農家が集団でふゆみずたんぼに取り組んでいる蕪栗沼周辺の伸萠《しんぽう》地区水田で調査しました。この調査は、様々な人々が参加して二年間行われた、環境省環境技術開発等推進費研究開発の総合調査の一環として行われたものです。ここではすべての水田一枚ごとの農法が把握されており、水田一枚ごとにいろいろな調査の結果を重ねることにより、様々な生き物のつながりを知ることが可能です。調査の結果、サギたちは冬から水を張ったふゆみずたんぼを集中して利用し、その密度はその他の田んぼの四・四倍も高いことがわかりました（図2-14）。主に夏に日本に渡ってくるサギの多くは、冬の水田の風景は知らないのに、なぜか、ふゆみずたんぼに集中していたのです。

その理由はサギの水田での行動と関係があります。サギは主に水田を採食地として利用し、伸萠地区ではドジョウ、カエル、アメリカザリガニが主な食べ物です。そこで、ふゆみずたんぼと農薬や化学肥料を使う慣行栽培の水田で、ドジョウの数を調べると、ふゆみずたんぼでは慣行栽培の約五倍も多く、また、ドジョウの食べ物の一つと思われるイトミミズもふゆみずたんぼは約五倍多いことが関連の調査でわかりました。冬から水田に水を張っておくと、イトミ

調査を行った伸萠地区で最も数が多かったのはダイサギとチュウサギで、それぞれ全体の31%を占めた。また、これらの多くがふゆみずたんぼに面した畦や農道を、獲物を狙う足場としてよく利用していた。

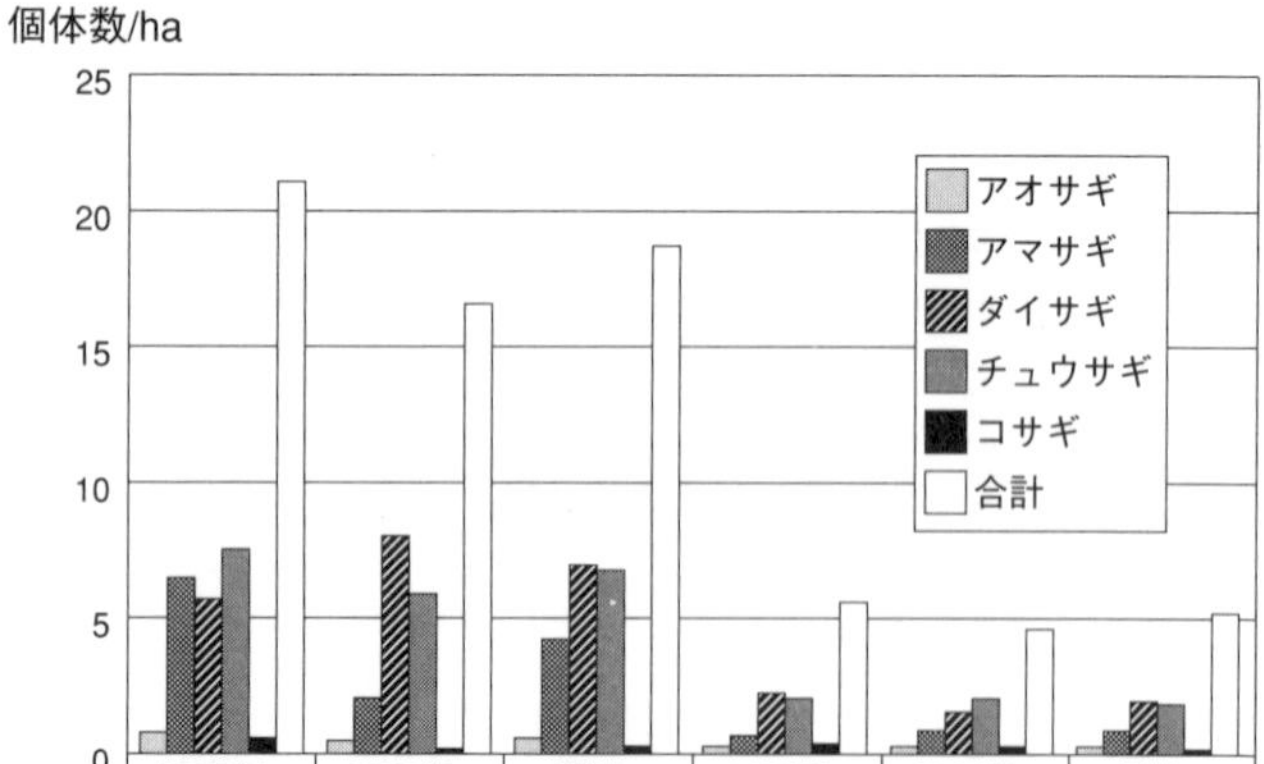

	ふゆみずたんぼ			非ふゆみずたんぼ		
	2005年	2006年	平均	2005年	2006年	平均
アオサギ	0.73	0.45	0.59	0.35	0.20	0.28
アマサギ	6.50	1.98	4.24	0.78	0.77	0.77
ダイサギ	5.85	8.16	7.01	2.19	1.62	1.91
チュウサギ	7.70	5.94	6.82	1.91	1.97	1.94
コサギ	0.58	0.20	0.39	0.39	0.14	0.27
合計	21.35	16.73	19.04	5.63	4.70	5.16

図2-14　ふゆみずたんぼと非ふゆみずたんぼのサギ類の生息密度（夏期）
（2005、2006年　蕪栗沼隣接・伸萠地区水田）

表2-2　ふゆみずたんぼの三つの側面

〔湿田にすむ生き物〕＝生息環境の復元
　多様な生物…微生物から水鳥まで
　湛水水田のネットワークで雁の群れを全国の空に

〔農業〕＝生き物の力を活かした新しい農法＝「ふゆ・みず・たんぼ」
　抑草・除草効果（イトミミズの増加）
　害虫駆除効果（天敵のカエルとクモの増加）
　施肥効果（水鳥の糞の肥料効果）
　稲わらの分解

〔農業〕と〔自然〕の共存・共生
　生き物の力を活かした持続可能・循環型システム
　環境への負荷を低減し、湿地環境復元に貢献

ミズが増え、それを餌とするドジョウが増え、そしてドジョウを食べるサギが増えるというように、様々な生き物がよみがえり、水田の生物の多様性が高まることがわかってきました。

ふゆみずたんぼには、水辺の生き物の生息環境の復元と、生き物の力を活かした新しい農法の両面があります。またこれらを結びつけることにより、自然と農業の共生を可能にし、持続可能で循環型の農法を具体化する手法として、大きな可能性を秘めています（表2−2）。常に水があることにより、水中の微生物から水鳥までの生き物のつながりを取り戻してゆくと、そこに夢も描け、単に農業や環境だけの問題ではなく、多様な人々が関わりながら、一つの未来を共有できる場にもなります。

アジアの田んぼの価値を、蕪栗沼から世界へ、未来へ

水田は日本を含むアジアモンスーン地域を代表する農地であるとともに、アジア最大の湿地です。アジアモンスーン地域は世界でも最も土壌が肥沃《ひよく》で、降雨量も多く、湿地の植物である稲を育てる田んぼづくりには最も適した地域です。そのためにアジアの田んぼは、水辺の生き物の生息地としても高い能力を持っていますが、蕪栗沼・周辺水田のラムサール条約湿地への登録を契機に、アジアの田んぼの価値を再認識し、その湿地としての質を高め、世界に発信しようという運動も、二〇〇八年に韓国で開催される第一〇回ラムサール条約締約国会議を目標として始まっています。

ラムサール条約では水田も湿地の一つと定義され、蕪栗沼周辺では、同条約の精神を活かした湿地としての水田の賢明な利用の具体化をめざした取り組みが行われています。日本では現在、三三のラムサール条約湿地があり、そのうち周辺に水田が存在するところは一一箇所あります。ところが、水田をラムサール条約湿地の範囲に含んでいるところは、二箇所だけで、積極的に含んでいるところは蕪栗沼一箇所だけです（表2-3）。

蕪栗沼では、沼だけではなくて、沼の環境を維持するうえで不可欠な緩衝地帯としての周辺水田も含め、ラムサール条約湿地への登録を目指そうという地域合意ができ、二〇〇五年一一

表2-3　日本のラムサール条約湿地と周辺水田

	条約湿地名	所在地	登　録 年月日	面積 (ha)	周辺水田 の有無	条約湿地 内の水田 の有無
1	宮島沼	北海道	2002.11.18	41	○	×
2	雨竜沼湿原	北海道	2005.11. 8	624	×	×
3	サロベツ原野	北海道	2005.11. 8	2,560	×	×
4	クッチャロ湖	北海道	1989. 7. 6	1,607	×	×
5	濤沸湖	北海道	2005.11. 8	900	×	×
6	ウトナイ湖	北海道	1991.12.12	510	×	×
7	釧路湿原	北海道	1980. 6.17	7,863	×	×
8	厚岸湖・別寒辺牛湿原	北海道	1993. 6.10	5,277	×	×
9	霧多布湿原	北海道	1993. 6.10	2,504	×	×
10	阿寒湖	北海道	2005.11. 8	1,318	×	×
11	風蓮湖・春国岱	北海道	2005.11. 8	6,139	×	×
12	野付半島・野付湾	北海道	2005.11. 8	6,053	×	×
13	仏沼	青森県	2005.11. 8	222	○	×
14	伊豆沼・内沼	宮城県	1985. 9.13	559	○	×
15	蕪栗沼・周辺水田	宮城県	2005.11. 8	423	○	○
16	尾瀬	福島県 群馬県 新潟県	2005.11. 8	8,711	×	×
17	奥日光の湿原	栃木県	2005.11. 8	260	×	×
18	谷津干潟	千葉県	1993. 6.10	40	×	×
19	佐潟	新潟県	1996. 3.23	76	○	×
20	片野鴨池	石川県	1993. 6.10	10	○	○
21	三方五湖	福井県	2005.11. 8	1,110	○	×
22	藤前干潟	愛知県	2002.11.18	323	○	×
23	琵琶湖	滋賀県	1993. 6.10	65,602	○	×
24	串本沿岸海域	和歌山県	2005.11. 8	574	×	×
25	中海	鳥取県 島根県	2005.11. 8	8,043	○	×
26	宍道湖	島根県	2005.11. 8	7,652	○	×
27	秋吉台地下水系	山口県	2005.11. 8	563	×	×
28	くじゅう坊ガツル・ タデ原湿原	大分県	2005.11. 8	91	×	×
29	藺牟田池	鹿児島県	2005.11. 8	60	×	×
30	屋久島永田浜	鹿児島県	2005.11. 8	10	×	×
31	漫湖	沖縄県	1999. 5.15	58	×	×
32	慶良間諸島海域	沖縄県	2005.11. 8	353	×	×
33	名蔵アンパル	沖縄県	2005.11. 8	157	×	×
					11	2

月に「蕪栗沼・周辺水田」として同条約湿地に登録されました。ここでは、ラムサール条約湿地範囲内に積極的に水田を含めることで、その水田に対して、農業、環境の両面からの農業環境施策導入の働きかけを積極的に行っています。また、湿地としての水田を賢明に持続可能に利用する取り組みが行われ、それが地元農家に対して経済的にも大きな恩恵をもたらすようになりました。

これまでは、地元の経済活動を規制するものと受け止められていましたラムサール条約ですが、その視点を変えることにより、環境を生かした農業施策を誘導する枠組みとして役立つ道具になることを、蕪栗沼でのふゆみずたんぼの取り組みは示しています。

第三章 「ものがたり」を伝えたい！
――産直・交流事業で農業の価値観を共有する

新潟県ささかみ農協販売交流課長
NPO食農ネットささかみ理事　石塚美津夫

きっかけは首都圏の生協との出逢い

　ささかみ農協は、日本の米どころ、新潟県北部に位置する北蒲原郡《きたかんばらぐん》阿賀野市《あがのし》笹神《ささかみ》地区を管内としている、組合員数一八九七名（二〇〇七年一月現在）の農協です。五頭《ごず》連峰の西麓に広がる笹神地区は標高〇～九一二メートルと高低差が激しいところで、地区面積の六十%が山林という中山間地域でありながら、農家戸数約千五百戸のうち約七百戸が水稲栽培農家の米単作地帯です（図3-1、3-2）。また、理事一〇人の平均年齢は約五八歳と若く現役バリバリで、そのうち七人がJAS有機の認証を受けて米作りをしているという、少し変わった農協でもあ

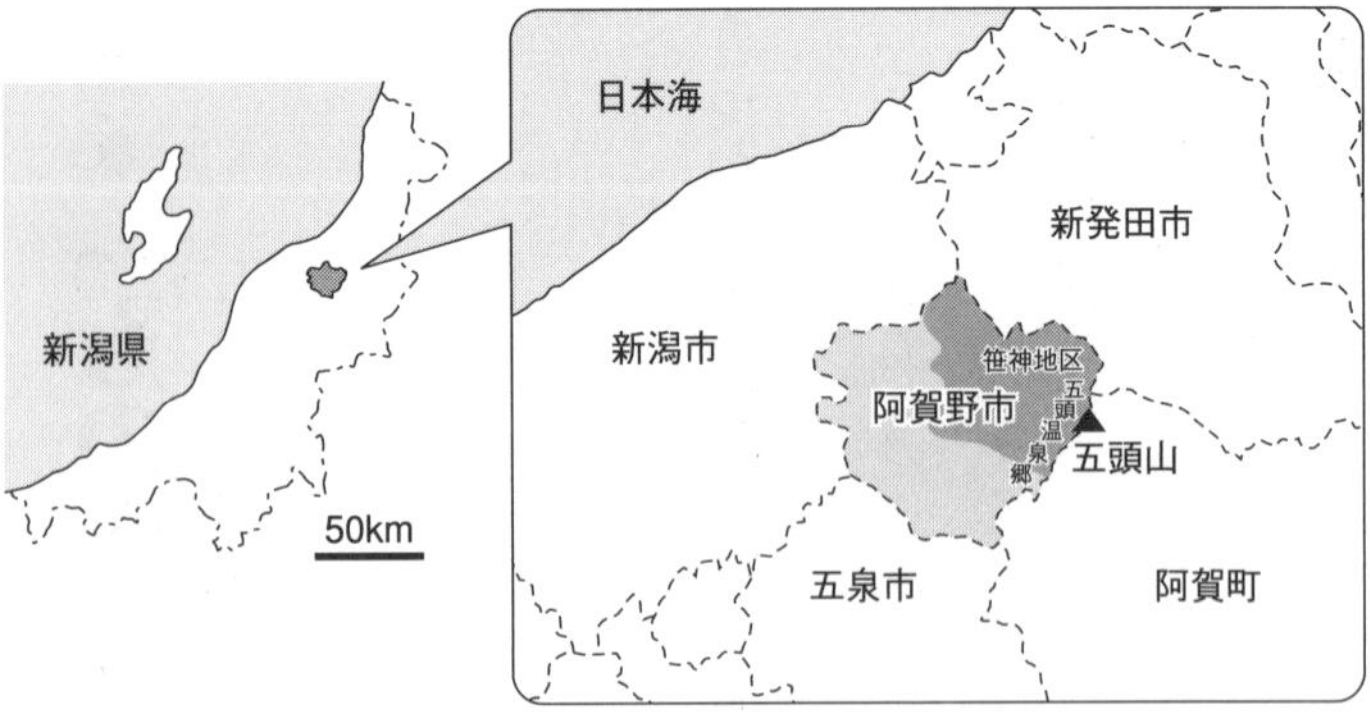

図3-1　阿賀野市の位置

図3-2　ささかみ地区概観

ります。

　ささかみ農協は営農指導の活動をしながら、地域循環型の米作りシステムの組み立てや、首都圏の消費者との交流活動を展開してきました。そのきっかけとなり支えとなったのは、現在のパルシステム生活協同組合連合会（以下、パルシステム生協連合会）の前身である北多摩生協（後に東京マイコープ）との長年にわたる交流です。

　一九九四年に神山農協と合併し、ささかみ農協となる前の笹岡農協と北多摩生協との出逢いは一九七八年。この年から、米の過剰生産を防ぐために米の作付け面積を縮小する減反政策が始まりましたが、村をあげて反対運動をした結果、笹神村（現在は阿賀野市）の減反達成率は全国ワーストワンの一八・七％でした。一方、立ち上がって間もない北多摩生協は、「ささかみコシヒカリ」を扱いたくても扱えずにいました。当時は、まだ米の流通が国の統制下にあり、当然のことながら「農協の系統組織で産直をする」などということは、とんでもない時代だったのです。しかし、マスコミで取り上げられた笹神村の事情を知り、産直の可能性を見出すために村を訪れてくれました。そして、当時の笹岡農協専務（後の組合長）五十嵐寛蔵さんは、「今すぐに産直ができなくても、将来は必ず可能になる」との判断で、まずは交流が始まりました。

　当時はまだ、環境保全とか有機とか言っても「何をやっているんだ」と理解されないばかりか、異端児扱いされた時代でした。交流を始める当初、私自身もかなり不安を持っていたのですが、今振り返ってみると「私の農業哲学・人世哲学の師匠である五十嵐さんの教えは正しかった」と、つくづく思います。交流が始まった当時に五歳だった子どもは、現在では優に三十歳を超えており、五歳の子どもがいても不思議ではありません。そんな彼らが今でも村にやってくるほど、息の長い交流となっています。

「ゆうきの里」ささかみ

生協との出逢いから一〇年後の一九八八年、特別栽培米制度ができ、米の産直も可能となりました。特別栽培米とは、その地域の慣行栽培より化学合成農薬の散布回数を五〇％以下、化学肥料の窒素成分を五〇％以下に削減して栽培した米のことです。しかし、そう簡単に産直を始めることはできません。産直に取り組むには、消費者一軒一軒からハンコをもらわなければならなかったのです。私の記憶では、二千軒余の消費者からハンコをいただきました。

産直を始める時に、旧北多摩生協の中沢専務が語っておられた「双方のエゴを払拭しよう」という言葉は、今でも時に応じて思い起こしています。双方とは、「消費者」と「生産者」。少し乱暴な言葉になりますが、消費者のエゴとは「安全で・安くて・おいしい」農産物のこと、生産者のエゴとは「作りやすくて・いっぱいとれて・高い」農産物のことを指します。中沢専務は「それぞれがそれを主張し合っていては、平行線で接点はできない。双方の思いを理解し、接点を見つけよう」と語ったのです。

産直の最初の一〇年間は、農協と生協との交流を主眼としていましたが、地域ぐるみの交流とするためには、行政の参加が不可欠でした。さらに農業分野だけでなく、商工・観光業を含めた地域ぐるみの運動とするために、村全体の取り組みとして「ゆうきの里」構想を提案しました。その時、五頭山の「五」にあやかって考えたのが、①有機農業（ゆうき）、②都市と農村の有機的連携（ゆうき）、③温泉の湯気（ゆげ）、④雪（ゆき）、⑤勇気を持って何事も（ゆうき）、の「五ゆうき」でした。

時宜よく竹下内閣時でバブル最盛期の一九八九年、「ふるさと創世資金」という、大きな市も小さな村も一億円を何に使ってもよいという補助金が提供されました。ほとんどの市町村は商工や観光に使いましたが、笹神村では五十嵐さんの「笹神村は農業が基幹産業だから農業につぎ込もう」という発案から、有機質堆肥を作る「ささかみゆうきセンター」を建設しました。ここでは現在でも、もみがらを主体にした良質な堆肥を作って組合員に供給しています（図3−3）。

一九九〇年に笹神村は「ゆうきの里宣言」を行い、「土作りは村作り」を合い言葉に、土作

図3–3　笹神村では、稲刈りの後に出るもみがらを利用した堆肥作りに取り組んでいる（左）。右は、約40日間の発酵過程を終え完成した、良質なもみがら堆肥「ゆうきの子」

りに取り組みました。とはいっても、すぐに堆肥の利用が広がるというわけにはいきませんでした。しかし、一九九三年の全国的な冷害の年に堆肥を連用した圃場は収量の落ち込みが少なかったことをきっかけにして、一気に堆肥散布と特別栽培米の拡大が進んでいきました。今ではささかみ農協管内の全作付面積の約五十%が堆肥散布を実施し、約四五%が特別栽培米に取り組んでいます。

体験参加者の増加で地域にまとまり

産直が始まり、「ゆうきの里宣言」を経て、ささかみゆうきセンターが建設され、環境保全型農業は拡大していきました。それと同時に農業体験ツアーの参加者も多くなり、消費者との交流のために建設された農協・生協の研修・宿泊施設「ぽっぽ五頭」だけでは足らずに、地域の旅館に分宿するようになりました。笹神村の農業分野と商工観光分野は、ふるさと創生資金の使い方をめぐっての件で決してよい関係ではありませんでしたが、両方で我々の世代が実権を握るようになった七年前から、協働が始まるようになりました。

そのきっかけとなったことがあります。二〇〇〇年の夏休みに、子どもたちに小魚を捕まえてもらって、シャンプーの実験をしたのです。従来の合成洗剤のシャンプーの残水をバケツに取って小魚五〇匹を放したら、ものの一五分も経たないうちに全部死んでしまいました。しかし生協が扱っている石鹸シャンプーの残水だと、一時間経っても一匹も死にませんでした。その事実がテレビ報道され、旅館経営者の皆さんは衝撃を受けたのです。地域の環境というものは、農業分野だけで守れるものではありません。「観光業もやれることからやろう」ということになり、その時から地域のすべての旅館が、生協が扱っている石鹸シャンプーを使うようになったのです。

農業分野でも特別栽培米に取り組むと同時に、まさに顔の見える交流として一九八八年から「田植えツアー」「稲刈りツアー」を、一九九九年から「草取りツアー」を開始しました（図3-4、3-5）。しかし、開始当初は活気があったものの、いつのまにかやってくるのは同じ顔ぶ

図3‒4　田植えツアー。参加者数が最高だったのは2002年の230名。現在は120名で限定している

図3‒5　草取りツアー。草取りもりっぱなツーリズムとして成り立つことを実感

れになってしまいました。それもそのはず、当初は料金を安く上げるために交通手段にバスを使っていましたが、笹神に午後一番に来るためには、新宿に朝八時集合、そこから五時間余りもかかってしまい、誰でも参加できるというわけではなかったのです。比較的空いている時間帯の新幹線利用を考えましたが、交通費をどう負担するかが問題となり、なかなか実現できませんでした。そんな問題を抱えていた二〇〇〇年、「もう一歩先に進んだ交流事業をやろう、生産地と消費者が互いの立場に立った産直品の開発をやろう」ということで、「行政・生協・農協」の三者で「食料と農業推進協議会」を立ち上げ、JAから届ける産直品の売り上げの一%を寄付して交流事業の財源とすることになりました。新幹線利用の交通費をそこから捻出することができるようになったおかげで交流の輪は一気に広がり、そのことから食料と農業推進協議会は、二〇〇五年に第一回食の架け橋賞の大賞を受賞することとなりました。

交流で農産物の背景にある「ものがたり」を届ける

都会の人たちが、特に子どもたちが一番喜ぶのは、自然に親しむこと、生き物に触れることです。一九八三年から始まった交流イベントのサマーキャンプでは、午前中はパルシステム生協連合会・新潟総合生協・地元小学校の親子でどろんこ運動会、昼食には掴み捕りをしたニジ

図3-6　サマーキャンプ。写真は第1回、1983年の時のもの。最高の参加者は1986年の470名で、何と大型バス13台！　しかし台風に見舞われ、散々な目に……

マスを焼いて、おにぎりを頬張ります（図3-6）。

どろんこ運動会で都会の子どもたちが最初に発する言葉は、たいてい「きゃー、気持ち悪い！」。

なかなか田んぼに入ろうとしないのですが、いったん泥だらけになってしまうと、親子ともども喜んでグチャグチャになって遊んでいます。コンクリートの世界ではとても味わえない喜びであり、私は「足の裏の土踏まずは、もともと土壌菌と仲良くなるところなのだ」と勝手に解釈しています。赤ちゃんがお母さんのお腹にいるがごとく、母なる大地の喜びを大勢で感じている様は、見ていても壮観です（図3-7）。

サマーキャンプの夜の食事は、「自分たち

図3-7　どろんこ運動会。都会の親子は大喜び

のエサは自分たちで調達を」ということで十名程度の班を作り、地域の青年部や女性部の人を案内人にして半日かけて笹神中を駆けずり回り、食材を調達して準備することにしています。一人が百円を持ち、畑に農家のおばちゃんがいたら、その場でトマト・ナス・キュウリ等をわけてもらい、収穫の喜びも同時に経験するのです。「スーパー等の店頭でしか見たことのない食材を百円で何個買えるのか」。都会の子どもたちにとって、これはりっぱな食育なのです。この活動は一九九九年に始め、今でも続けています。

また、サマーキャンプでは移動中に川に入り、どんな生き物がいるのか捜します。ドジョウが捕れればドジョウ汁を作ります。環境がよければ必ず生き物がいます。都会の子どもも田舎の子どもも、生き物に接すると目がキラキラ輝きます。この経験から、農薬使用の少ない水系や有機圃場には間違いなく生き物がたくさんいるということが実感できるのです。その実感と、目で確認ができる生き物観察から、今まで気にすることもなかった土の中の世界にも関心が広がります。土を洗って初めて知ったイトミミズやユスリカのすごさ。生き物観察から、農法の違いによる生き物調査への発展です。

生き物調査は奥が深くて意義深く、そして楽しいものです。ミミズは英語でアースウォーム（地球の虫）と言います。人間は頭を上にして地球の主人公のごとく振る舞っていますが、実はこの四十年間でどれだけ環境破壊をしてきたことか。それに対してイトミミズは、頭を下にして有機物を食べてフンを上にかき上げ、人間が壊した土を一生懸命、休むことなく修復してくれている。本当に頭が下がります。私たちはイトミミズから学んでいかないと、やがて取り返しのつかない環境になってしまうでしょう。間違いなく有機圃場の田んぼには、彼らが多く働いています。慣行栽培と有機栽培を比較し、生物多様性の世界を確認することにより、大人も子どもも生産者も消費者も、農産物の価値観を共有できるのです。

二〇〇四年には「ＮＰＯ食農ネットささかみ」を組織し、生産者からも寄付金をいただいて、産直・交流をもう一歩進めることとしました。そして、産直・交流には必ず、オプション企画で生き物調査を実施しています。

産地がいくらこだわり農産物を作っても、消費者からの理解が得られなければ、継続して購買してもらえません。産直の原点は「お互いを知る」ということで、消費者が産地を知る機会は、何と言っても交流です。

消費者の多くの方の価値観というのは、見た目であり価格なのでしょう。では、本当の意味での価値観というのは何なのでしょうか。

私たちは、交流事業から始まる産直を三十年近くにわたって続けてきた結果、生産者と消費者の垣根は少しずつ近づいてきていることを感じています。これをもっと近づけるためには、食に対する同じ生活者としての視点を持つことが必要でしょう。そのためには、もっと産地に足を運んでいただき、農産物や環境に対する生産者の想いや、風のにおい・土の温もり・生き物など肌で感じて、お互いに熱く語り合いたいと思います。ただ単に農産物の産直ではなく、農産物の背景にある環境や価値観を共有するという「ものがたり」を伝えたいのです。

地域協働で作る「ものがたり」性のある豆腐

二〇〇〇年に「食料と農業推進協議会」を立ち上げ、その活動の一環として二〇〇一年、生協・農協の共通認識に立った産直品を開発しようということから、㈱ささかみという豆腐工場を建設しました。そのきっかけの一つに、転作大豆が増えてきたことがあります。

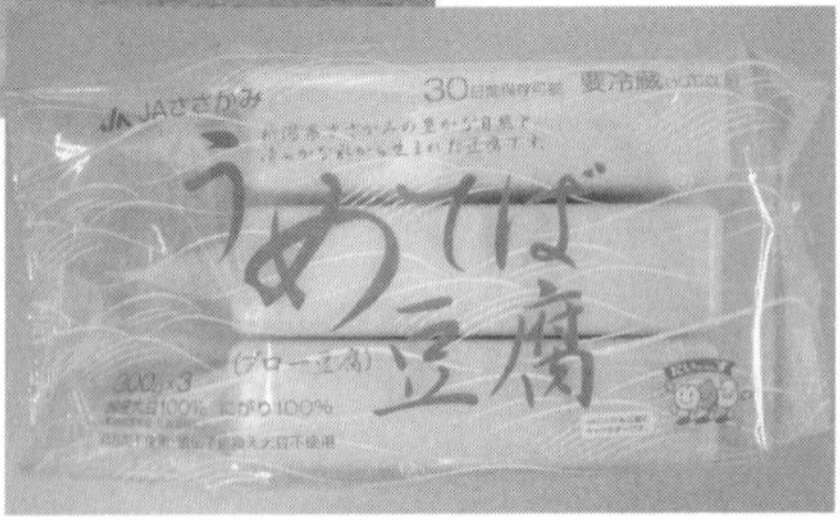

図3−8　豆腐工場（上）と消泡剤を使わない豆腐（右）。賞味期限は30日

農産物のほとんどは第三者（入札・市場等）が価格を決めていますが、それを加工することで価格の条件提示ができ、雇用の創出もできます。工場を建設した六年前は国の転作奨励金の方向性が混沌としており、農協サイドとしては、転作奨励金が減額され大豆面積が減れば大豆の専用機械や乾燥調整施設が無駄になる心配がありました。一方で生協は、「ものがたり」のあるこだわり豆腐を欲しがっていました。そこで議論した豆腐のコンセプトは、「地場産大豆・おいしい水・消泡剤を使わない技術」。そして、このコンセプトを実現するために、ささかみ農協とパルシステム生協連合会、地元の新潟総合生協、豆腐メーカーの共生食品が共同出資して豆腐工場を建設したのです（図3−8）。

この過程で、特に消泡剤の技術については、パルシステム生協連合会へ豆腐を納品している共生食品の三澤孝道社長が二年間、技術指導ということで息子さんを㈱ささかみに出向させてくださいました。三澤社長は、当時全国の豆腐業界における国産大豆の使用割合はわずか三%という現実に疑問を持っており、国産大豆にこだわって豆腐を作り、同時に地方が元気になるという活動に対して、自らの理念に基づいて応援してくれたのです。

一方、県からは一億円の補助金をもらいましたが、これについては県内の豆腐業界からバッシングを受けました。県内の豆腐工場の大豆はほとんどが外国産であり、安い豆腐を作る価格競争をしていたからです。しかし私たちは、価格ではなく、「ものがたり」性を重要視することで進みました。また土地は、林野庁のスギ苗畑跡地を当時の笹神村から無償貸与していただきました。

㈱ささかみの資本金二千万円のうち五五%をささかみ農協が持ち、残りの四五%についてはパルシステム生協連合会・新潟総合生協・共生食品に一五%ずつ持っていただきました。つまり、生産地と消費地、そして技術のある企業がいっしょになった、全国でも希な豆腐工場ができあがったのです。工場の二階には約四十人が豆腐作り体験を行える部屋を用意しました。そこで消費者や子どもたちに豆腐作りを体験していただき、同時に「ものがたり性」も理解していただく活動を続けています。このような豆腐の「ものがたり性」は消費者からも高い評価を

図3–9　ゆうきの里火祭り。うららの森で高さ約10mのどんどん焼き（賽の神）、その後は恒例のだんごまき。いろんな品々がばらまかれ、群集心理で参加者たちが我先にと血まなこになって拾う様は壮観だ

受け、製造を開始して三年を待たずして工場の拡張が行われました。

ところで、工場はスギに囲まれていて、見晴らしをよくするため、スギを伐採したのですが、その処理に困ってしまいました。「それならば冬場のイベントとして、大きな賽《さい》の神《かみ》（どんどん焼き）を作ろう」ということから「ゆうきの里火祭り」が実施されるようになり、現在も続いています（図3–9）。主催は、商工会・観光協会・農協の青年部たちで、世知辛い世の中の景気づけにいろんな品々をばらまく「だんごまき」も好評を博していますす。また、火祭りの翌日には「ゆうきの里振興大会」が開催されますが、これには地元小学校二校の五年生による有機栽培の寸劇発表があり、大人の目はウルウルしてしまいます。

ふゆみずたんぼとの出逢いで変わった農業観・価値観

私自身、以前から、慣行栽培より農薬・化学肥料とも五〇%以上を削減した減々栽培を中心とした稲作りを行ってきました。有機栽培も一一年前から一〇アールから開始して、毎年有機栽培面積を増やしています。それはまさに草との戦いの連続でした。しかし、「ふゆみずたんぼ」との出逢いが、私自身の農業観を変えてくれたのです。

「ふゆみずたんぼ」の詳細は、ほかの方がくわしく述べられているので、ここでは省略しますが、有機栽培で一番の悩みの種だった雑草対策が、「ふゆみずたんぼ」との出逢いで大きく変わりました。私の集落は山すその小さな集落で、ちょっとした棚田があります。若い頃は田んぼが小さくて収量は少なく「何と手間のかかる不便なところだろう」と思っていました。しかし有機農業を始めてからは、「自然豊かで生き物がたくさんいて、何と素晴らしい地域だろう」と心から思っています。ホタルは田んぼの周り、メダカは田んぼの水の中、イトミミズやミミズは土の中。これらの生き物はそれぞれ環境のバロメーターになっているとも感じます。私の有機圃場の周りで、この三タイプの生き物がどんどん増えていくのが楽しくてなりません。

一一年前に有機農業を始めた頃は、這いつくばって草取りをしている私を冷ややかな目で見てい

図3-10　我が家の田んぼでホタル乱舞。ホタル鑑賞会とコンサートを田んぼでやったが、みんなうっとり。私たちのお米作りを、生き物はどんどん応援してくれているように思う

た家内も、「生き物が増えてきたことが実感できる」と、いっしょに草取りをするまでになりました。六、七月には「お父さん、八時になるよ」と声をかけられ、毎晩のように家内と畦道でホタルを見ながら晩酌するのが楽しみとなっています（図3−10）。

私は昨年まで二八〇アールの水田で米の栽培をし、そのうち一五〇アールで冬水たんぼに取り組んでいました。そして、JA職員としてはこの規模が限界と感じていたところ、昨年の一月末、新潟市に住む団塊の世代の消費者一五名ほどが我が家を訪れました。私の田んぼのメダカやホタルを見て感激した人たちで、「ふゆみずたんぼの有機農業のお手伝いをし

たい。有機農業をいろいろ教えてほしい。山あいの奥の耕作放棄地を復田し、有機農業をしたい」というお申し出で、私は感動しました。このような応援部隊を得ただけでなく、IT産業をやめた二八歳の夫婦が、有機農業を習うために弟子入りすることにもなりました。そのおかげで今年は、耕作放棄地をさらに三〇アールほど美田化し、経営規模も前年度の約二倍の五五〇アールに拡大、そのうち二〇五アールで有機栽培（＝ふゆみずたんぼ）を実施する計画を立てています。農地があり他人の耕作放棄地を借りる権利もあるが手間がない私と、一方でやる気と手間はあるが農地を持たない彼らとの出逢いによって、ふゆみずたんぼを広げて、JA職員としての仕事の範囲を超えた新たな取り組みが可能になったのです。

参加者の希望に応じた田んぼとの関わり方によって「独立型」「援農型」「体験型」の三タイプを用意し、それぞれの年間のカリキュラムを作りました。その水田は「夢の谷ファーム」と名付けられ、毎週のように誰かが農作業を楽しみ、汗を流しています。多い時は、夢の谷ファームのメンバーに加えて、マイコープの職員、新潟大学の学生など二十名余りがおにぎり持参でやってきて、農作業に励んでいます。そんな時には、近くのオバちゃんと家内がお昼のみそ汁を提供しています。体験ツアーではできない、多様な農作業、耕作放棄地の復田、古代米や山田錦の栽培にも取り組み、私自身も楽しくて仕方がありません（図3‐11）。

こんなことをきっかけに、「もっと多くの人に田舎を体験し、農作業体験にどっぷり漬かっ

図3−11　2006年の夢の谷ファームの稲刈り。皆さん、いい顔をしているでしょう。ハサ掛け作業は、パルシステムの稲刈りツアーの方にも手伝ってもらった。この中にIT産業をやめて農業をやりたいという若者もいた。応援したい

てほしい、そして、田舎料理を食べながら語り合いたい」ということで、農家民宿「オリザささかみ自然塾」を、二〇〇六年の四月に立ち上げました。「オリザ」は稲の学名オリザ・サティバと、メダカの学名オリジアス・ラティペスから取ったものです。ちなみにラティペスとは「稲の周りにいる」という意味なのだそうで、メダカなど田んぼの周りにいる生き物への思いも込めた命名なのです（図3−12）。

現在、日本の農業は効率化を求めて大圃場化・大型機械化しています。農家人口が減れば、今以上に効率化を求め、化学肥料や農薬に頼るのは必然です。この流れから見れば、ふゆみずた

図3-12　水路のメダカ。稲刈りの日に撮影。それにしても、ふゆみずたんぼの中にはカエル・ザリガニ・イナゴと、何と生き物が多いことだろう

んぼは、まさに逆方向を目指す取り組みでしょう。しかし、私たちの孫の世代を考えた時、どちらが正しい選択なのだろうか。私は生産者と消費者という別々の立場で向かい合うのではなく、同じ生活者として、価格だけでなく食の考え方や農産物の背景にある環境を含めた「ものがたり」という価値観を共有することが大切なのではないかと思っています。

※参照：ブログ「オリザ　ささかみ自然塾」
http://blogs.yahoo.co.jp/oriza5432

表3-1　ささかみ農協のあゆみ

年代	できごと
1978	合併前の笹岡農協と、旧首都圏コープ事業連合（現 Pal System生協連合会、本部東京、組合員90万名）とが産直・交流を開始
1983	サマーキャンプ開始
1988	特別栽培米の本格的産直取り引きを開始 田植えツアー、稲刈りツアー開始
1990	「ゆうきの里ささかみ」宣言
1991	ゆうきセンター竣工
1993	冷風害。堆肥を連用した圃場は収量の落ち込みが少なく、堆肥散布と特別栽培米の拡大のきっかけとなる
1994	笹岡農協と神山農協が合併し、ささかみ農協となる
1999	草取りツアー開始
2000	阿賀野市（旧笹神村）、Pal System生協連合会とともに「食料と農業に関する推進協議会」を結成
2001	転作大豆を利用した豆腐工場の建設とその運営会社「(株) ささかみ」を設立 ゆうきの里火祭り開始 JAS認証取得
2004	「食料と農業に関する推進協議会」関連団体として「NPO法人食農ネットささかみ」を設立
2005	第34回日本農業賞特別部門第1回「食の架け橋賞」大賞受賞 Pal System生協連合会との産直取引額が13億5000万円に（全体販売高22億5000万円のうち60%を占める）

第四章

北海道版「ふゆみずたんぼ」をつくりたい

――いのちの見える食と文化の回復へ、食堂業の試み

株式会社アレフ代表取締役社長　庄司昭夫

アレフが「ふゆみずたんぼ」に取り組むわけ

私たち㈱アレフは、ハンバーグレストラン「びっくりドンキー」などを全国展開する食堂業です（図4−1）。盛岡に一店目を出店してからおよそ四十年、「食」を通じて社会を見、考えてきました。その間いつも私たちが拠り所としてきたのは「損得よりも善悪が先」「店はお客様のためにある」という、商売の先輩たちから教わった精神です。私の考えでは商売イコール金儲けではありません。人間の論理より資本の論理を優先させてしまい、利益追求に走って消費者の信頼を裏切る企業が後を絶ちませんが、本来、利益は企業活動の目的そのものではなく、

図4–1　ハンバーグレストラン「びっくりドンキー」の店舗。安全性が確認できる食材だけを使用した安心の食の提供とともに、省エネの推進などで「環境に迷惑をかけない店づくり」を進めている

企業活動を続けていくための手段の一つに過ぎないのです。では、企業活動とは何をすることか。それは、社会の不足や不満、問題を解決することにほかならず、これこそが社会の中に企業が存在する目的、意義なのです。企業間の競争というのは「いかに社会の役に立つか」の役立ち競争であって、社会の役に立たなければ企業は存在する意味などありません。

　私が起業するとき先輩たちは、「食」という字を「人」と「良」に分解し「人を良くする」と読むことも教えてくれました。ですから、いのちを育む本来の「食」を提供するための努力は惜しまずに来たつもりです。中国には、結果としての病気に対処する西洋医学とは対照的な、いのちと健康を守る予防医学を基本とした「食医」がいますが、私たちは「食堂業も食医であるべき」という覚悟で取り組んでいます。そして、その使命を全うしようとすれば、農薬や化学肥料、成長ホルモン、抗生物質の乱用という問題を抱える食材の生産過程を無視することはできませんでした。

私たちは、チェーンストアを展開する手法をアメリカから学びましたが、そこから先は手探りながら、どこの真似でもなく、自らの良心に導かれるように歩んできたと言えます。「正しいことをして滅びるなら滅びてよし。断じて滅びず」。これも先輩の教えです。信念を曲げないことで、いつも自ずと進むべき道は目の前に開けてきました。正しさを追求すれば、単に大量に仕入れて売るだけのチェーンではなく、原料生産から消費終了まで商品の全過程を、自らの責任においてデザインしコントロールする真のマーチャンダイジング（商品化計画）の実践が不可欠となります。つまり、私たち食堂業には農業への取り組みは必然だったわけです。

ごまかさず、あいまいにせず、お客様に胸を張って提供できる「食」をつくるため、私たちは猛勉強しました。安全で安心な食材生産に向けたデータ収集や技術開発のために、実験農場、牧場で始めた取り組みは、食堂業としては先駆けであったと自負しています。当初、門外漢の食堂業が産業間の壁を越えて農業に入っていくことには障害も、外からの反発もありました。しかし、叩かれても笑われても正しいと信じて歩む過程で、まさに篤農家と呼ぶべき方々をはじめ素晴らしい哲学を貫く様々な分野の方々や取り組みと出会い、交流が生まれました。「ふゆみずたんぼ」も、かけがえのない大きな出会いの一つです。

もう一つ、私にはもっと大きな視野から思い描く、あるべき企業の姿というものがあります。それは生態系の中の一つの生命のように、社会や環境のすべてとつながり合い、相互に関連して永続的に進化・深化していく「生態系型企業」です。「ふゆみずたんぼ」が示してくれるように、生態系の中の生命には、何一つ無駄や無意味なものはありません。企業もまた、社会の中で同じような存在でなければならない。それが私の考える本質です。本来であれば、どんな企業であれ、最初から環境問題など発生しない仕事の仕方をしなければならないのです。きっちり自己完結していなければならないのです。私たちは、環境に負荷をかけない自己完結型の企業活動を目指して、これまた猛勉強を続け様々な試みを実践していますが、こうした視点から見ても、里地の自然再生に大きく寄与する「ふゆみずたんぼ」は非常に共感できる魅力的な農法だったわけです。

いなか育ちで、田んぼで遊んだ思い出をたくさん持つ私には、有機循環型で昆虫や鳥、魚など様々な生き物が集う昔ながらの田んぼが広がる日本の原風景を取り戻し、未来に残していきたいという願いもあります。私たちの「ふゆみずたんぼ」の取り組みは始まったばかりですが、田んぼを舞台にした「食」「環境」「日本の文化」の豊かな重なり合いを、私たちはすでに五感でしっかりと確かめています。

お米に込めた、一〇年越しの熱き思い

二〇〇六年四月、念願だったびっくりドンキー全店での「省農薬米」提供がスタートしました（一部店舗では無農薬米を提供）。「省農薬米」とは私たちが決めた呼称で、アレフが独自に定めた使用禁止農薬五五品目以外の除草剤を一回だけ使用したお米です。さらに、使われる肥料の八〇％以上は有機肥料であることや、優れた食味も条件です。「省農薬米」は、原産地保証（いつ、どこで、誰が、どのように作ったか）、安全保証（何を使って、どう栽培したか）、品質保証（第三者機関の食味分析、品質・規格・食味への独自基準をクリア）の三つの保証を付けたうえで、お客様に提供しています。

私たちが安全なお米を求めて動き出したのは一九九六年のことでした。当初は完全無農薬米の調達が目標でしたが、安定供給は難しいとの判断から、二〇〇〇年に農薬使用を除草剤一回だけに抑えた「省農薬米」へと目標を変更。東北で産地の開拓を進めました。以来、私たちの考えに共鳴してくださる篤農家の方々の情熱に支えられ、取り組み開始から一〇年を経て、ついにびっくりドンキー全店での提供という目標が達成できました。二〇〇七年五月現在、「省

農薬米」は東北四県の八グループ、総勢およそ五百名の農家さんによって生産されています。

宮城県田尻町《たじりちょう》（現・大崎市）で「ふゆみずたんぼ」に出会ったのは、「省農薬米」が現実のものになり、直営全店舗での提供も軌道に乗ってきた二〇〇四年のこと。安全でおいしいお米作りに取り組んで一つの方向性を示そうとする私たちに、まさに生態系の一部として稲が育つ「ふゆみずたんぼ」の農法が、どれほど魅力的だったかは言うまでもありません。農薬や化学肥料を使わない省資源型農法で安全なお米を生産するのはもちろん、自然の回復と生態系の保全がなされ、子どもから大人まで人々が自然に集まってくる光景には、「これだ！」と直感に響くものがありました。実際、子どもがのびのびと遊び学ぶ場の創造、分断され孤立化された人間関係の修復、地域社会の再生、町おこしと、「ふゆみずたんぼ」のもたらす可能性の広がりを考えると、それはまさに現代社会の様々な不足や不満を解決する鍵となることばかり。私たちアレフの存在根拠と見事に合致するわけで、実に興味深い取り組みとして強烈な第一印象を受けました。

ロシアのツンドラ地帯から四千キロを旅して来るマガンが冬を過ごす田尻の「ふゆみずたんぼ」を見ながら、私たちも北海道で同様の取り組みができないだろうかと考えました。北海道の厳しい冬が障害となるなら、北海道に合う方法を考えられないだろうか。始めてみれば北海道版モデルが見えてくるかもしれない。新しい挑戦を思うと心が踊りました。そして二〇〇五年九月、社内に、稲作経験者ゼロ、しかし、夢と志はとても大きな「ふゆみずたんぼプロジェクト」が発足しました。

スタート当初は育苗の相談に普及所に出向いても「このご時世に田んぼを新しく始めるの？」と先方も半信半疑。まともに取り合っていいのやら、戸惑っていたようです。そのうち、こちらの本気が通じたのでしょう、有機稲作を実践されている農家さんを紹介してくれたり、勉強会でお会いした有機農家さんに苗を作っていただけることになったりと、損得抜きで応援してくださる方々との出会いに恵まれるようになりました。縁あって、ＮＰＯ法人民間稲作研究所代表である稲葉光國氏から直々に無農薬・有機稲作農法をご指導いただけたことも、私たちには幸運でした。私たちのプロジェクトが一年目から手応えを感じることができたのは、こうしたたくさんの出会いとご好意あればこそでした。

さて、プロジェクトのテーマですが、「安全…農薬や化学肥料を使わないお米の収穫」「環境…生きものたちのにぎわいの再生」「文化…日本の原風景や村社会の復活」の三つを据えました。取り組みの方向性は大きく二つで、一つ目はアレフの田んぼを作り、社員自らが稲作を実践すること、二つ目は北海道における「ふゆみずたんぼ」の普及です。もう一つ中期的な課題として、できたお米を本業の食堂業で使うことで環境共生農業と自然再生に貢献するという方向性も考えてはいますが、当面はアレフの田んぼでの実践と、道内農家さんと連携しての「ふゆみずたんぼ」普及の二つに重点を置くこととしました。

アレフが考える「北海道のふゆみずたんぼ」

一般的に「ふゆみずたんぼ」とは、冬期湛水水田のことを言います。北海道で冬に田んぼに水を溜めることがお米作りにもたらす効果はまだ実証されていませんが、私はこの北海道で「ふゆみずたんぼ」の可能性を探ることには大きな意義があると考えます。

まず、減少する湿地の回復です。日本の湿地面積の八六%が北海道にありますが、一方で、北海道の湿地面積は、二〇〇〇年当時で大正時代に比べ約六十%が減少してしまいました。これは全国減少量の約八二%にも相当し、減少面積においても全国一となっています（国土地理院の湖沼湿原調査資料による）。また、水田として開発されたために湿地が減り、その水田が後の転作により乾燥化しているという現実もあります。この北海道における湿地の再生という課題に「ふゆみずたんぼ」は有効な答えを示すことができます。宮城県の田尻の田んぼが蕪栗《かぶくり》沼《ぬま》とともにラムサール条約に登録されたように、田んぼも湿地として考えられています。宮城県の田尻の「ふゆみずたんぼ」に渡るマガンは、北海道の宮島沼《みやじまぬま》を経由しますが、もし、この宮島沼周辺で「ふゆみずたんぼ」型の農業湿地を実現できれば、地域も国境も越えたより大き

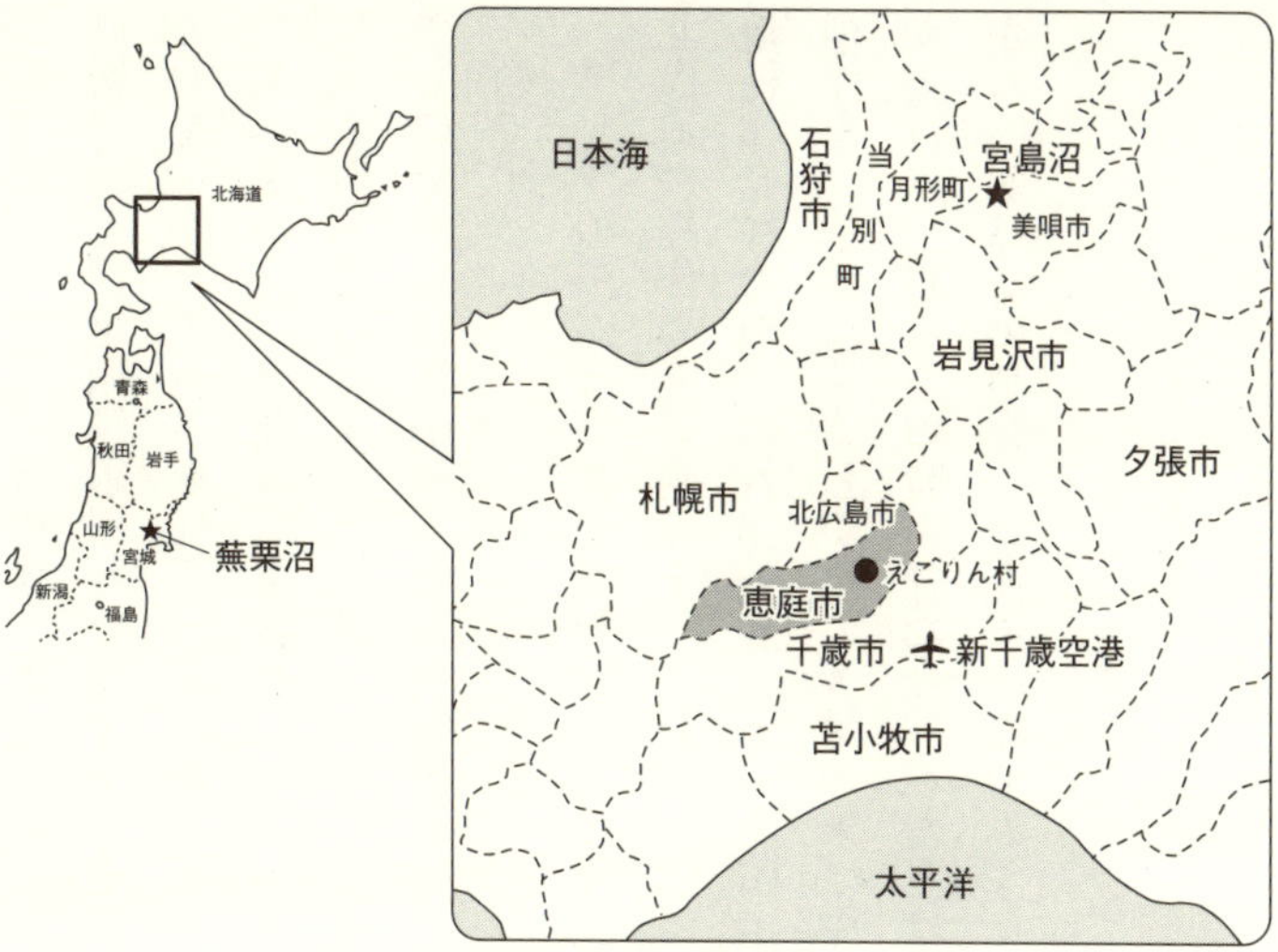

図4-2　アレフ「ふゆみずたんぼ」関連地図

な役割を果たせると期待されるのです。さらに、北海道は二〇〇六年こそ新潟県にトップを譲ったものの、作付け面積、生産量ともに、全国一、二位を争う稲作地帯であることも挙げられます。

ただ、私たちが模索しているのは北海道の風土に合った「ふゆみずたんぼ」であって、必ずしも冬期湛水だけを考えているわけではありません。プール育苗で健康に育てた成苗を疎植することや、秋には米ぬか、春には発酵肥料を入れ微生物やプランクトンの増殖を促すこと、深水管理でヒエの成長を抑えるなど、様々な技術の組み合わせで可能となる農法の体系が「ふゆみずたんぼ」でしょうし、私たちはその農法そのものに魅力を感じたわけです。田んぼにいつ水を張るかという点については、稲葉氏の提唱する農法にのっとり、少なくとも田植えの一カ月前としていますから、厳密に言えば早期湛水田となります。そのうえで、農薬や化学肥料を使用せず、多様な生き物の力を生かしてお米を作る田んぼを、田んぼが生態系の中で果たす役割や、田んぼを中心にした人の賑わい、文化までも含めて「ふゆみずたんぼ」と呼んでいます。気候を考えれば、本州の「ふゆみずたんぼ」とは違うかたちになるのは当然のことです。冬の間は水を張っても凍り、さらにその上に雪が何十センチも積もってしまうことも、いわば北海道らしさではないかと思うのです。

アレフの田んぼは新千歳空港のある千歳市に隣接する恵庭《えにわ》市にありますが、実はこの辺りは北海道の稲作の発祥地です。アレフの田んぼから五キロほどの場所（北広島市島松）には「寒地稲作発祥の地」の石碑があります。中山久蔵《なかやまきゅうぞう》氏が北海道の気候では不可能と言われていた稲作を、筆舌に尽くしがたい苦労の末に成功させたのが一八七三年。北海道の米作りの夜明けから百三十年以上の時を経た今、私たちは先人の熱きフロンティアスピリットに思いを馳せながら、次はこの地を「北海道のふゆみずたんぼ発祥の地」にしたいと意気込んでいます。

アレフ「ふゆみずたんぼプロジェクト」の方向性、その一
――「恵庭・ふゆみずたんぼ」での挑戦

アレフが「ふゆみずたんぼ」農法を実践する田んぼ「恵庭・ふゆみずたんぼ」は、羊や牛がのんびり草をはむ牧草地と一〇ヘクタールの庭園が広がり、アレフの考える「農業・環境・文化」を具体的に表現した「えこりん村」に隣接する場所にあります。スタートは二〇〇六年。わずか一反ですが、社員教育、地域への貢献、稲作文化の再現、実証田と、大きく四つの役割を持たせています。

「恵庭・ふゆみずたんぼ」の役割――「社員教育」

社内でも「田んぼなんて無理じゃないの?」という声が聞こえる中、稲作経験者ゼロでスタートした取り組みでしたが、専門家のアドバイスを受けながら一年間の作業を無事終えました。本業の農家さんが見たら笑ってしまうであろうシロウト集団ながら、牧草地だった場所に文字通り田んぼを造ることから始めて、正直よくぞやったと思います。経験がないぶん、既成概念に縛られることもなかったわけですが、前年の二〇〇五年一二月三〇日に雪と寒さの中で工事

図4-3　代かき。従業員には初めてづくしの１年間。お米作りを通して、農家さんの苦労や喜びを身を持って知ることができたのが一番の収穫だったかもしれない

が終了してから、いくら水を入れても溜まらないことを夜も眠れないほど気に病んだスタッフもいました。代かきをしなければ水が抜けてしまうことすら知らなかったという、冗談のような本当の話です。

水を張っている最中にポンプが壊れ、バケツを使って人力で水を入れたこともありました。そして、代かきを繰り返し悪戦苦闘の末に田んぼのかたちができてからも、作業のたびに長く社内で語り継がれていくであろう数々のエピソードが生まれました。水が抜けてしまうのが気になり、春には粘性の高い土を入れたのですが、今度は逆に水が抜けなくなって、秋にはどろどろぐ

ちゃぐちゃの田んぼでの稲刈りとなってしまったこともその一つです。手作業にこだわり、今はもう地域の郷土資料室でしか見られないような古い代かき機を借りたのはいいものの、農耕馬・牛がいないため、社員四名が歯をくいしばって引いたりもしました（図4-3）。

傑作は、田植え前に「苗は前に進みながら植えるのか、それとも後ずさりしながら植えるのか」が、スタッフの間で議論になったという話です。結局誰も田植えを実際に見たことがないので夜になっても決着がつかず、それぞれが深夜にもかかわらず実家に電話をして確認したそうです。スタッフは田んぼに入ることなど考えもせずに入社してきた社員ばかりでしたが、作業着姿で土や水、太陽の光に触れているうちに、みんな今までに見たこともないような素晴しい表情に変わっていきました。それを見ているだけで、取り組んだ甲斐があったと言いたくなるくらいでした。自然の偉大な力をこんなところでも感じることができたのです。最終的には、初年度に種まき、代かき、田植え、稲刈りなど農作業に関わった従業員は一〇三名、延べ三九七名を数えました。

「恵庭・ふゆみずたんぼ」の役割――「地域貢献」と「稲作文化の再現」

当初は社外への公開は予定していませんでしたが、田んぼの持つ役割を考えたとき、まだ手

図4-4　田植えまつりでは、アレフの従業員が籾の選別から手がけた１万6000株ほどの苗を地域の方々といっしょに植えた。子どもたちの弾んだ声が響く、里地の賑わいが戻ってきた１日だった

図4-5　田植え踊り。本来は何と、4時間以上かけて踊られるもの

探りの状態であっても地域の方々といっしょに取り組んでみたいと、六月・田植えまつり、八月・生きもの調査、九月・稲刈り、一二月・感謝祭の四回のイベントを開催し、地元恵庭の小学生とそのご家族を中心に二二三五名、延べ三七八名に参加していただきました。田植えまつりでは、昔からのしきたりにのっとって田植えを神聖な儀式として進行、さらに岩手県紫波町《しわちょう》山屋《やまや》地区から踊り手を招いて、貴重な稲作文化として国の重要無形民俗文化財に指定されている田植え踊りのハイライト部分を披露していただきました（図4-4、図4-5）。

田植えや稲刈り、生きもの調査に夢中になっている子どもたちの姿を見ていると、私自身もふと子ども時代にタイムスリップしたような錯覚にとらわれました。家にはゲームソフトがたくさんあるであろう現代の子どもたちも、自然という遊び場で見せる輝きは昔と同じ。安心しました。

「恵庭・ふゆみずたんぼ」の役割――「実証田」

肝心のお米の収量は、慣行農法であれば七、八俵は収穫できるところが三俵にとどまり、まさに「田んぼは一年にして成らず」を実感する結果となりましたが、少ないながらも収穫できたのは、稲が本来備えている生命力、田んぼにやってきた生き物たちの力によるところが大き

図4–6　冬の生きもの調査の様子。田んぼの土は、積もった雪の保温作用で厳寒期でも凍ることがないが、土にたどり着くまでがたいへん

いでしょう。もちろん、延べ七百名以上の人の手と思いが、その力を引き出したのだと思います。収穫されたお米は、感謝祭を催し作業に参加してくれた地域のご家族といっしょに味わい収穫を分かち合うには十分でしたが、収量と食味については二年目の課題です。

ただ、やはり「ふゆみずたんぼ」だと思ったのは、一年目から多様な生き物が現れ、私たちを喜ばせてくれたことです。アレフの田んぼでは月一回の頻度で「田んぼの生きもの調査」を実施しました。深い雪に閉ざされた冬、吹雪の中八〇センチの雪の下から土を採って調べたこともありました（図4–6）。できたときは生物は何もいなかった田んぼですが、この地で眠っていたいのちが息を吹き返したかのように、ほどなく藻類やプランクトンが発生、春を迎えた頃にはいのちも多様になりました。大量のユスリカ、アメンボ、ミズカマキリ、ゲンゴロウの仲間、オタマジャクシなどが続々とやってきました。トンボは確認できただけでも一四種類を数えました。一般的に、水田にはアカトンボの仲間が多く現れますが、私たちの田んぼにはイトトンボやヤンマの仲間も大勢訪れました。これは周辺の川、池、森や林、「えこりん村」の銀河庭園の変化に富んだ水環境が影響していると思われます。八月に行ったトンボの羽化がら調査では、アレフの一反の田んぼで八千五百匹を超えるトンボが羽化したことがわかりました。ご飯一杯でおよそ四・四匹のトンボを育てた。そんな換算も一興です。

イトミミズこそ現れなかったものの、一年目から田んぼが支えるいのちの豊かさに触れることができた思いです。残念ながら、苦労して採取した冬の土からは何の生き物も発見できませんでしたが、二年目が非常に楽しみです。

アレフ「ふゆみずたんぼプロジェクト」の方向性、その二
——農家さんとともに北海道版モデルの確立へ

「ふゆみずたんぼプロジェクト」のもう一つの方向性が、北海道での「ふゆみずたんぼ」普

図4-7　「食・農・環境セミナー」の開催で、北海道における「ふゆみずたんぼ」の認知度は少しずつ上がっている。関心を示してくれる農家さんも増えてきた

及です。まず、北海道の風土に合わせた北海道版モデルを確立し、普及を図っていきたいと考えています。モデル確立のためには、もちろん私たちアレフの田んぼを有効に活用しますが、まだ新しい田んぼということもあり、実際に農家さんの検討に値するようなデータは得難いのが現状です。そこで、一九九六年からアレフが主催しているニュージーランド型管理放牧を中心に持続可能な農業を勉強する「創地農業21」に、新たに「北海道ふゆみずたんぼプロジェクト」を組織し、実際に北海道で稲作を営んでいる意欲ある農家の方々といっしょに学び、知恵を出し合いながら北海道版の環境共生農業モ

デル確立を目指す活動を二〇〇五年より行っています。
活動の一環として一般からの参加を募る「食・農・環境セミナー」を開催しています（図4-7）。第四回目となった二〇〇七年二月の札幌でのセミナーでは、興味を持たれている農業者から一般消費者まで、およそ二百名の来場者を集め、前半では田んぼ保全活動の第一人者で私たちが指導を仰いでいるNPO法人田んぼ理事長岩渕成紀氏、コウノトリをシンボルに豊かなまちづくりを進める兵庫県豊岡市市長中貝宗治氏の講演を行い、後半は、実際に「ふゆみずたんぼ」に取り組む農家さん、流通、行政、そして食堂業の私が、パネルディスカッションのかたちで、それぞれの立場から「ふゆみずたんぼは地域を変えるか」をテーマに意見交換しました。この日は、北海道で初めて「ふゆみずたんぼ」に取り組んだ二軒の農家さんの「ふゆみずたんぼ米」の試食と販売を行いましたが、こちらも好評でした。

具体的な活動のもう一つは、「ふゆみずたんぼ」に高い関心を持つ意欲的な農家さんをメンバーに、専門家を招いて月一回のペースで行う勉強会、営農指導、生きもの調査などです。正直なところ、この試みに関心を持ち、実際に取り組んでみようという農家さんが現れるのかどうか不安もありましたが、一年目は、当別町《とうべつちょう》の竹田さん、月形町《つきがたちょう》の若槻さんの二軒の稲作農家が「ふゆみずたんぼ」（厳密には、早期湛水と無農薬・無化学肥料の米作り）への挑戦に手を挙げてくださいました。さらに勉強会には、早期湛水は行わないものの有機栽培を実践して

図4-8　当別町の竹田さんの田んぼでの生きもの調査。地元の環境団体などと連携して実施した。地元の小学生には、近くにあるのによく知らなかった田んぼが、ぐっと身近になったようだ

いる稲作農家さん二軒を加え、計四軒が参加してくれました。竹田さんと若槻さん、二軒の農家さんの田んぼでの取り組みと勉強会をリンクさせることで、非常に有効な検証が行えたと考えます。

初年度は、通常の田んぼより早く水を張ること（少なくとも田植えの一カ月以上前）と、栽培期間中、農薬や化学肥料を使用しないこと、の二つを試みました。三月、周囲の不思議そうなまなざしを感じながら田んぼに水を張ったとき、周辺はまだ雪景色でしたが、すぐにイトミミズをはじめ様々な生き物で賑わう生態系がかたちづくられていくのを目の当たりにすることと

なりました。特に厳寒の二月でも、深い雪の下で一〇アール当たり三一七五万匹のイトミミズが、休むことなくいのちの営みを続けていることには、大きな感動を覚えました。自然を管理しようとする人間の傲慢を捨て、自然の摂理にゆだねることこそ本当の知恵なのかもしれない。つくづくそう考えました。

北海道初の「ふゆみずたんぼ」への挑戦で、竹田さんは「ほしのゆめ」、若槻さんは「ななつぼし」と、どちらも北海道米として人気の品種を育てましたが、収量は通常の栽培に比べて一～二割減という結果でした。収量確保ための今後の課題は、やはり春先の水温を上げることと抑草です。しかし、収穫された「ふゆみずたんぼ米」の食味は満足のいくもので、竹田さん、若槻さんそれぞれによる直売のほか、アレフの「びっくりドンキー」「ぺペサーレ」「ハーフダイム」の道内店舗でも販売しました（三月一五日～五月二〇日）。

二〇〇八年には韓国でラムサール条約締約国会議が開催されますが、アレフではそれまでの三年間を「ふゆみずたんぼ」の重点的取り組み期間と位置づけ、二〇〇九年の時点で実現すべきイメージを具体的に描いています。それは、北海道型技術として確立され、取り組む農家さんが広がり、地域での自立した取り組みとして定着する将来像が見えてくること、北海道における「ふゆみずたんぼ」の生き物の豊かさと米栽培技術との関連が解明されていること、アレフのお米調達にも三年間の成果が反映されること、企業としての取り組みへの従業員のより深い理解につながること、そして、恵庭のアレフの田んぼが農業・教育・文化の発信の場として活用されることです。北海道版「ふゆみずたんぼ」を作ろうという大きな夢は、初年度の確かな手応えに希望を見出し、二年目へと歩を進めました。

「食」を支える豊かな生態系を

目先の効率や生産性ばかりを追いかけた、いわゆる近代農法をいくら駆使しても、その土地本来の生態系の一部に組み込まれないものであれば、健康な農産物が育つわけはありません。農業にはその原点に返ることが何より大切なのではないかと考えます。「ふゆみずたんぼ」は、人間によりさんざん痛めつけられた自然の中にもまだ、人間が下手な手出しをしなければ、何一つ無駄なものも余計なものもない生態系を、一からかたちづくる力が残っていることを教えてくれます。手遅れになる前に、自然がその力を遺憾なく発揮できる環境を整えることが、今の人間にできること、すべきことでしょう。

実は、私たちアレフが食と生態系の関わりで力を入れている大きなテーマがもう一つあります。それは外来種セイヨウオオマルハナバチの排除です。ヨーロッパ原産のセイヨウオオマルハナバチは一九九一年に主にトマトの受粉用に輸入が開始され、「農家は楽になり、消費者にも安心」と、急速に導入が拡大しました。ところが、その高い環境適応力、繁殖力から野生化し、在来ハナバチの衰退や、盗蜜による野生植物や農作物の結実障害などの深刻な問題を引き起こすに至りました。特に北海道では爆発的な増加の兆しが見られ、生態系に壊滅的な打撃を与える恐れが出ています。アレフでは、二〇〇五年にトマトの契約生産者の皆さんにセイヨウオオマルハナバチの使用を控えることへの合意いただき、具体的な代替案をともに研究しながら、二〇〇七年の全面使用禁止へ向けて動いています。生態系を破壊して生産された食材、資材を購入しないように努めることも、私たちアレフの環境保全に対する基本理念の一つなのです。併せて、外来種が生態系に与える影響を広く社会に理解してもらえるよう、啓蒙活動も続けています。

二年目を迎えたアレフの田んぼには、今年も多彩な生き物だけでなく様々なジャンルの人たちがやって来て手伝ってくれたり、興味深く成り行きを見守ってくれるでしょう。「ふゆみずたんぼ」をきっかけに、私たちのネットワークはさらに大きく広がり、地域とのつながりも徐々に深まりつつあります。先輩たちに学びながら様々な関わりの中で取り組みを進める私たちですが、まず私たち自身が「ふゆみずたんぼ」に負けない多様性を内包し、多面的な価値とたくましさを持った企業でありたいと思っています。

※アレフの「ふゆみずたんぼ」の取り組みはブログでも公開しています。アレフの田んぼにやって来た生き物や、稲の生育状況もわかります。北海道の「ふゆみずたんぼ」の今を、ぜひご覧ください。

http://www2.ecorinvillage.com/fuyumizutambo/

第五章　北海道における「いのち育む有機稲作」の可能性

NPO法人民間稲作研究所理事長　稲葉光國

はじめに

北海道の稲作は日本で最も深刻な経営危機を迎えています。その最大の理由は、生産者米価がこの十年下がり続けていることです。二〇〇五（平成一七）年産米で見ても、一五ヘクタール以上の大規模経営で、生産費は六〇キログラム（一俵）当たり一万一二九五円です。にもかかわらず、農家の販売価格は一万円を割り込む低米価が定着してしまいました。今般の「経営安定所得向上対策等大綱」において、北海道については一〇ヘクタール以上の担い手農家に絞って品目横断的直接支払いを支給することとしましたが、この支援策を受けられない農家では経営危機が一挙に進み、大量の離農農家が発生する深刻な事態になる恐れがあります。

離農せず、一〇ヘクタール以上に規模を拡大した農家にあっても、一俵当たり一万円を割り込む米価が恒常化すれば、まともに後継者は育たないでしょう。近い将来、離農を考える大規模農家が続出して、北海道稲作が全面崩壊する危険性は濃厚です。

こうした深刻な稲作環境の中で、一縷の望みがあるとすれば、「有機農業推進法」によって有機水田（ＪＡＳ認証を受けていない無農薬・無化学肥料の連続栽培水田を含む）への環境直接支払いを本格的に実施して、各農家が取り組みやすい圃場から有機栽培を実施し、消費者の支援をもとに二万円台の米価を回復すること、そして同時に低コストの有機稲作の技術を確立し普及すること、この二つだと思います。

有機稲作における主な除草技術

北海道における有機稲作は、大規模経営に相応しい栽培技術が確立されていないことから、実施農家はごく少数でした。周知のように、有機農産物は「播種または植え付け前の二年以上化学農薬と化学肥料を使用せずに管理された圃場で栽培された農産物」と定義されており、その生産の原則は「自然の循環機能を維持増進すること」を旨に栽培管理されることが求められる農法です。

高温多湿の東アジアモンスーン地帯では病害虫の発生が多く、この条件を満たすことは極めて困難であると考えられ、国の試験研究機関では開発の対象にもなりませんでした。特に問題になるのが除草技術です。本州を中心に、環境汚染に心を痛める農民や農薬被害にあった農民などを中心に、様々な除草技術が試みられてきたのですが、一〇ヘクタールを超えるような規模で実施可能な除草技術はまだ確立されていません（表5―1）。

そうした中でも、機械除草を中心にごく少数の農家が有機栽培を実施してきましたが、ヒエやミズアオイの大量繁茂に泣かされ続けていました。そんな折、二〇〇六年から株式会社アレフの多大な支援を受け、四戸の稲作農家とともに、北海道の気候風土のもとで生息する多様な水田生物を活用した抑草技術の可能性を探り、いのち育む有機稲作の技術確立を目指した試験研究が始まりました（第四章参照）。今年（二〇〇七年）、二年目に至ってその可能性が見えてきました。ここでは、その実施の経過を整理しながら、この農法の成立条件と可能性を述べることにします。

表5-1　有機稲作における主な除草技術とその課題

方法	技術的特徴と課題等
①手取り・機械除草	最も早くから実施された手法で、太一車の発明で全国に普及し、最近では乗用型の除草機が普及し、田植え後10日ごとに2～4回実施する方法が定着している。労力の点で課題が残る。
②アイガモ除草	機械除草に替わる除草法として実用化され、アジア全域に普及された画期的除草技術であるが、外敵からの防護、鳥インフルエンザ、水田内の生物多様性の喪失、食味問題などがあり、普及が頭打ちとなっている。
③ジャンボタニシ除草	1970年代エスカルゴの代用品として九州福岡で飼育され、ねずみ講で九州全域に広がったものが、野生化し、稚苗の田植機稲作に被害を及ぼしていた。成苗移植では被害がなく、逆に除草効果が極めて高いことから、生息地に限定した活用が試みられた。その後、韓国光州に導入され、アイガモ農法に替わる低コスト･省力除草法として韓国全土に広まりつつある。ブラジルから親タニシが導入され、10a当たり4kg前後投入され、顕著な除草効果を得ている。しかし、全羅南道などの温暖地では野生化が進み、生態系への影響が心配される状況である。
④紙マルチ農法	鳥取大学農学部の津野研究室で開発され、三菱農機によって普及された。再生紙を田んぼに敷きながら田植えする手法であり、雑草の抑制効果は安定しているが、風の強い北海道では実施が困難である。また、底生水田生物の生育抑制やランニングコストが高いなどの問題点も指摘されている。
⑤米ぬか除草	代かき3～5日後（田植えと同時または翌日）に米ぬかを100kg散布し、発生する有機酸によってコナギの発芽を抑制する方法。火山灰土壌で安定した効果が認められるが、沖積土壌では効果が劣る。散布労力や水田生物への悪影響を避ける目的で、ペレット化が進み、深水管理と併用することで効果が安定する。また、米ぬか単独でなく大豆または籾殻燻炭などを入れ、効果が高くなる傾向が見られる。
⑥水田生物の多様性を活用した抑草法	元肥に米ぬか主体の発酵肥料を投入し、田植の1カ月前に入水、代かきを行って、雑草や水田生物の発生を促し、発生した雑草を2回目の代かきで防除し、田植直後に80kg以下の米ぬか・屑大豆の混合ペレットを散布し、常時湛水管理で抑草する手法である。乳酸菌などの微生物・アミミドロ・ウキクサ・イトミミズ・ユスリカなど多様な水田生物を意図的に発生させ、抑草に活用する手法であることから、水田生物の多様性を活用した抑草技術である。北海道でも適用の可能性が高いが、その体系化は未確立である。
⑦レンゲ除草	レンゲを生のまま浅くすき込み、入水代かきして有機酸（酪酸）を発生させ、根粒菌の窒素化合物も活用して抑草する。積雪の多い北海道では適用が困難である。
⑧大豆などのマメ科植物の輪作	大豆作付跡には根粒菌が残り、この細菌が固定する窒素化合物によってコナギの発芽が抑制されること、1年間乾田化されることでオモダカなどの宿根性雑草も死滅することから、天候に左右されず、大規模農家にも導入しやすい方法である。

北海道における有機稲作の可能性

水田生物の多様性を活かした抑草技術の可能性

(1)二〇〇六年の栽培試験

多様な水田生物を活かす抑草技術の成立条件は、田植え前にミズアオイ（本州のコナギに相当する難防除雑草）などの難防除雑草が一斉に発芽する条件を整えられるかどうかにかかっています。北海道は五月の気温が低く、特に、岩見沢では最高気温の平年値が一九℃を上回るのは五月二五日以降であり、風速は三・七メートルと極めて強いのです（例えば、宇都宮の風速は一・八メートル）。したがって、水温がなかなか上がらないという水田生物の活性化にとって、極めて厳しい環境なのです。

他方、四、五葉令の成苗を本田に移植し、安定的に収量を確保できる移植晩限は六月一〇日です。水利慣行では、水田に水が来るのが五月一〇日なので、一回目の代かきを入水と同時に実施し、できるだけ水温を温め、移植晩限の五日前（六月五日）までにミズアオイを一斉に発芽させることが、抑草の条件となります。

二〇〇六年度は、当別町《とうべつちょう》のT農場と月形町《つきがたちょう》のW農場、北竜町《ほくりゅうちょう》のO農場、北広島市のD農

図5-1　2006年7月、北広島市D農場の有機水田における雑草発生状況（写真提供：㈱アレフ）

場で栽培試験が行われました。

転換初年度のT農場とW農場では除草剤の残効があったと考えられたことと、四月上旬から入水代かきが可能であり、湛水管理を行ってきたことによって田植え前に雑草の発芽が見られ、二回目の代かきによってそれをすき込むことができたために、生育前半の雑草発生はほとんど見られませんでした。ところが生育後半に、T農場ではマツバイが、W農場ではイヌホタルイが発生しました。イヌホタルイの発芽適温は一五℃から三〇℃であることから、種子の表層への移動と水温の上昇に心がけ、田植え前に一斉発芽を促すことが有効な防除手段であると考えられました。

一方、有機栽培に転換して十年以上も経過するO農場およびD農場では、田植え後の深水管理の手法が十分把握されていなかったことから、ヒエ、ミズアオイ、ヘラオモダカ等が繁茂し、従来の機械除草によって対処する結果となりました。失敗の原因は、水温が低いことから夜間入水が奨励されているため深水管理《ふかみずかんり》をしたと思っても、減水深の多い水田では強風にあおられて田面が露出する場所があり、それでヒエが多発したからでした。こうした事態を抜本的に解決し、初期成育を促すためには、最も高い場所にある水田に中畦（なかぐろ）を設け、温水池を設置して温まった水を下の水田に常時掛け流し、一定の水位を維持することが必要不可欠と言えます。

(2)二〇〇七年の栽培試験と水田生物の多様性を活かした抑草技術の可能性

二〇〇六年度の栽培試験では、田植えの三〇日前から代かきを行い、ミズアオイの発芽を促すために、五センチの水位を維持しつつ水温の上昇を図ることが決定的に重要であることが確認されました。その具体的な方法としては、①水田の入水部に温水池を設置し、常時湛水して、田植え後は一〇日ごとに五センチ→一〇センチ→一五センチの水位を維持すること、②連続する水田ではできるだけ掛け流しを行って、温まった水田の水を再利用し水温上昇に活用すること、③防風ネットを設置し、風の影響を緩和すること、などを実施することにしました。こうした対策をとったうえで、④ミズアオイの発芽を確認してから二回目の代かきを行って、三日後に田植えを行い、米ぬか屑大豆ペレットを散布するという手法をとること、⑤田植えの時期は五月二五日以降から六月一〇日までとし、四〇グラム以下の播種量で四、五葉令のポット成苗を移植すること、としました。

図5-2　2007年、水温上昇策。図中の白い矢印は水の流れを示す

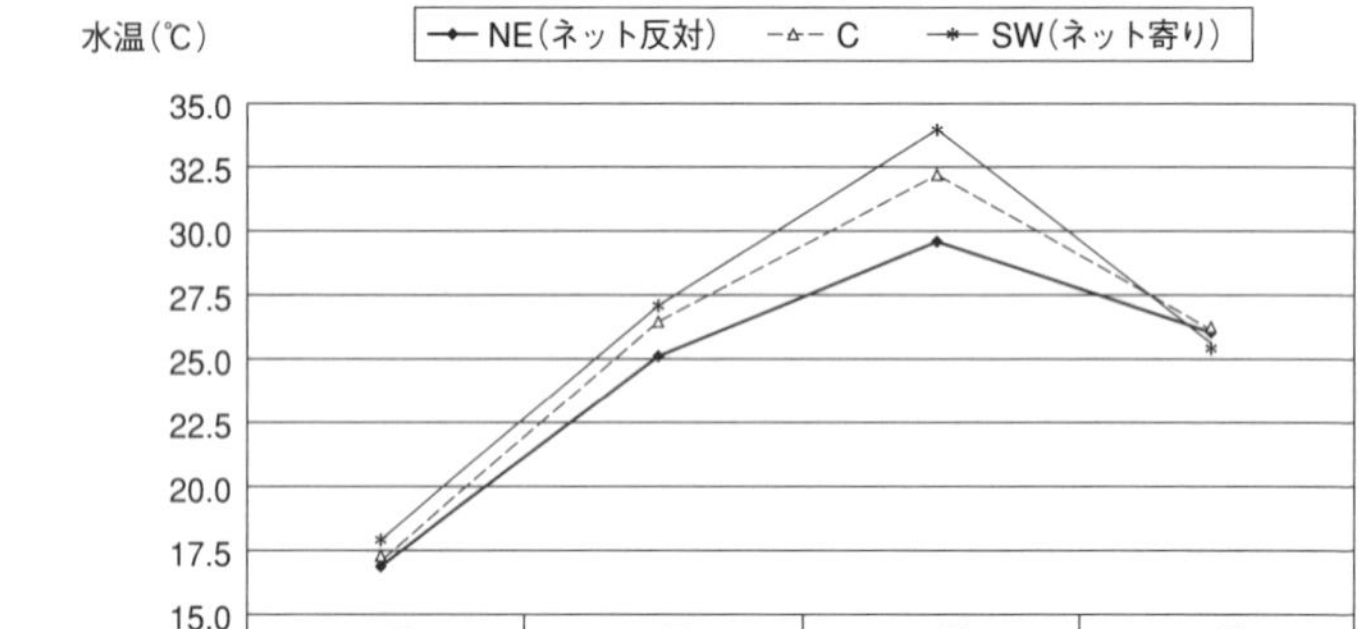

	5月	6月	7月	8月
NE(ネット反対)	16.8	25.1	29.7	26.2
C	17.1	26.5	32.3	26.3
SW(ネット寄り)	17.8	27.0	34.0	25.7
	調査月			

図5-3　2006年、T農場の水田における水温データ。防風ネットが水温上昇に効果的であることがわかる（提供：㈱アレフ）

防風ネットによる水温変化は五月で一℃、六月で二℃の差が見られました（図5－3）。

こうした対策の結果、全農家でヒエの発生が大幅に抑制され、機械防除の必要はなくなりました。

また、D農場の有機水田には大量の雑草シードバンクが形成されていましたが、ミズアオイは五月二七日の代かき時にすでに発芽が開始され、一センチになっていました。また、二回目の代かきによって大量のオモダカ、クロクワイの球根が浮遊し、風で吹き寄せられ除去することができました。

田植え直後の米ぬかペレットの散布とグアノ（リン酸二五％の化石化した海鳥の糞）の投入により、水田全面にアミミドロが発生し、光が遮断されたことによってミズアオイの生育も阻害され、全く問題にならないレベルに抑制されました。

有機栽培による収量の安定多収の条件

二〇〇六年度の栽培試験結果を表5－2に示しました。T農場の収量は、慣行栽培六五九キログラムに対し、有機栽培の平均値は五一八キログラムとなっており、一四一キログラムの差がありました。六〇キログラムが一俵ですから、有機栽培は慣行栽培より約二俵少なかったこ

図5-4　左：D氏水田土壌の雑草シードバンク。中央：発芽直後、1㎝程度のミズアオイ。右：オモダカ、クロクワイの球根

図5-5　米ぬかペレットの散布とグアノの投入によって、水田全体にアミミドロが発生（左）、光を遮断したことでミズアオイの生育も阻害された（右）

表5-2　2006年度における有機栽培の収量構成（調査：㈱アレフ）

		有効穂数	1穂粒数	登熟歩合（%）	千粒重（g）	収　量（kg）	有機/慣行（%）
W農場 ななつぼし	有機	390	77.0	86.8	21.3	555	84
	慣行	515	84.5	78.0	19.4	658	100
※ T農場 ほしのゆめ	有機平均	451	59.2	93.8	20.7	518	78
	有機1	598	62.2	90.0	20.7	693	105
	有機3	350	58.4	92.5	20.7	391	59
	慣行	612	65.2	83.4	19.8	659	100
O農場 ななつぼし	有機	377	71.2	93.1	20.3	507	—

※T農場の「有機平均」は有機圃場全体の平均値、「有機1」は防風ネットの影響あり、「有機3」は防風ネットの影響なし

とになります。収量が減ってしまった最大の要因は、一穂粒数がそれほど多くならないにもかかわらず、茎数が不足したことにありました。

有機栽培では化学肥料と異なって、低温条件での肥料の分解吸収がなかなか進まないという特性があります。T農場の有機1と3を見ると、防風ネットによって水温が高まった有機1地区の収量は慣行栽培を超える結果となっており、有効穂数が六百本近くになったことからも、水温の上昇対策が重要な技術要因であることが示唆されました。

即効性のある屑大豆などを粉砕し、一次発酵させたものを元肥に投入するなどの方法で初期成育を促すことも考えられますが、T農場の結果を見れば、まずは防風ネットや温水池の設置によって水温を温めることに取り組むことが不可欠と考えられます。

なお、北海道の最適葉面積を考えた場合、一平方メートル当たりの穂数を五五〇本までは増やしても問題はありません。

したがって、当面の対策としては、風による水温低下をできるだけ防止すること、温水池を設置し、水温の上昇に努めること、次いで、単位面積当たりの植え付け密度を増やすことなどで茎数を確保することが、慣行栽培並みの収量を確保する条件であると考えられました。

大豆—イネの輪作体系が、北海道における低コスト有機稲作を可能にする

北海道の厳しい気象環境下でも、確実に成功できる低コストの有機稲作があります。それは有機大豆—有機稲作の輪作体系であり、その理由は、大豆跡ではオモダカ、クロクワイ、ミズアオイなどの発生が極端に少なくなるという事実があるからです。ヒエについては、田植え後に水位を一定に保つ常時湛水と深水管理を行えば、全く問題になりません。

大豆跡は根粒菌による窒素の固定量がイネの過繁茂を引き起こすほどではなく、三〜四割程度の窒素投入量の削減が目安とされています。そうであれば、本州のような窒素過剰による食味低下や倒伏問題は起こらないことになり、この点では実用化が本州より容易であると考えられます。

なお、栽培試験は二〇〇七年度に開始されたばかりですが、問題点として、水田の土質が重粘土である場合は、播種前に耕起粉砕を徹底して行い、培土による抑草効果を高める必要があ

ること、播種後三回の培土によって雑草の発生はほぼ完全に抑制できるものの、適期作業が決定的に重要であること、が挙げられます。したがって、最低三連の中耕培土機が必要であり、畝間が等間隔になるような正確な播種作業が重要な技術要因となります。

おわりに

冬期湛水や早期湛水を特徴とする「いのち育む有機稲作」は、北海道の気象条件では極めて困難な手法であると考えられてきました。ですから、二年間にわたる栽培試験によって、その可能性が見えてきたことは大きな前進です。現在の水利慣行では通水が五月一〇日ですが、もしこれが四月二〇日通水に変更されれば、田植え前の湛水期間が三〇日以上確保され、水田生物の安定した復活が保障されることから、抑草技術も安定し、水田生物の生存期間も大幅に拡大されることになるでしょう。二〇〇七年、農林水産省の生物多様性戦略が発表されたのを機に、どのような農法がその多様性を保障するものかを再確認し、その条件整備に向けた関係者の協力を切に望みます。

化学肥料や農薬を主体にした栽培は、北海道の厳しい気象条件を乗り越え、短期間の通水でイネの栽培を安定多収に導いてきました。しかし、それは同時に、水田生物の生存条件を奪う農法でした。このことを改めて認識し、まだまだ不安定さを残す「いのち育む有機稲作」の技術確立に磨きをかけ、大規模経営であっても導入できる技術に仕上げたいと考えています。

その成立条件は、四月下旬から灌漑用水が各水田に供給され、ミズアオイなどの雑草の発生とともに藻類やイトミミズの発生を促して抑草に役立てることです。その技術要因としては、丁寧な代かきと温水池の設置、掛け流しの水管理、そして防風ネットの設置などによって水温を二〇℃以上に温めることを挙げることができます。

次いで、重要な技術要因は三五～四五日の育苗期間の確保です。マット苗では一箱六〇グラム、ポット苗では三〇グラム以下の播種量で、活着力の強い四、五葉苗を安定的に育苗する技術が欠かせません。

本田の肥培管理は根腐れを生じさせないよう細心の注意が必要です。秋に嫌気発酵肥料を散布し、元肥とします。稲わらは撤去し、稲わらをすき込む場合は表層五センチの浅い耕起、すなわち半不耕起を行ってできるだけ早く腐熟させ、デンプン質が水田生物に取り込まれるよう早期から湛水状態を続けて、早めに生物活性を高める必要があります。

田植えは北海道の移植晩限である六月上旬まで遅らせ、田植え前に水温が二〇℃（五月二〇日頃）を上回り、ミズアオイやオモダカなどが発芽するのを待って二日目の代かきを行い、田植え当日に抑草資材を散布するといった、特別の手法が必要になってくると思います。

オモダカ、クロクワイなどの宿根性雑草がなくならないということであれば、思い切って大豆―イネの輪作を導入することや、ヒルムシロの増殖防止のために収穫直後に秋耕を行う、あるいは収穫したソバの茎をすき込むなど、雑草の発生状況を見ながら、その発芽特性に応じた耕種的防除法の確立を目指す必要があるでしょう。最後に、寒冷地における栽培暦をまとめてみたので、参考にしてください（表5‒3）。

表5-3　北海道・東北高冷地における早期湛水での有機水田栽培暦

作業項目	時期 月	時期 日	作業内容	使用資材および管理方法	生きもの調査
土作り 圃場整備	10	中旬	深耕	オモダカ・クロクワイの発生する水田はワラを撤去し、3〜4年に一度グアノを散布して深耕	ビオトープ 生きもの調査
	11	上旬	有機資材散布・耕起	堆肥1トンまたは嫌気発酵肥料200kgのいずれかを散布。浅く耕起、水田内ビオトープの整備	
元肥準備 抑草準備	12〜3		元肥用発酵肥料作成 抑草用ペレット作成	米ぬか、屑大豆、オカラ等の食品残渣等で好気発酵糖化後、酵母を加え密閉容器に入れ、嫌気発酵肥料を作成。 米ぬか＋粉砕屑大豆で抑草資材作成	
	4	上旬	圃場整備	畦塗り（高さ30cm）緩衝池兼ビオトープの整備	
育苗	3	上旬	種もみ調整・脱芒・塩水選・乾燥・保存	3年に一度有機種もみを購入。1.15の塩水選（粉砕塩使用）を行って乾燥・保存。	
		中旬 下旬	置床作成 温湯殺菌処理・浸種	ハウスに育苗元肥5ℓ/㎡を散布し、耕起代かき後排水し、乾かす。 乾燥もみで60℃で7分間。冷却・浸種（5〜10℃で150日度）	
	4	上旬	床土調整	pH4.5〜5.5の粒状赤土に有機元肥を容積比7：3で混合。水分30%に調整	
		下旬	催芽・播種・灌水 出芽 保温入水	発芽確認後催芽（pH4.5、25℃で16時間）。播種後置き床に並べ灌水はたっぷり2回。シルバーラブ被覆。1葉期に除去。入水保温	
	5	下旬	苗生育診断	追肥が必要な場合は食酢またはアミノ酸液肥散布。4.5葉期移植	
元肥散布および抑草対策	4	上旬 中旬 下旬	発酵肥料散布・耕起 畦畔草刈 1回目代かき	嫌気発酵肥料100kg散布。砕土・均平1回目代かきは高速回転でゆっくり浅く行い、5cmの湛水管理を30日以上継続	アカガエル産卵
	5	下旬	生きもの調査 2回目代かき	簡易魚道設置・生きもの調査 畦畔草刈り・雑草の発芽後2回目代かき雑草を練り込む	ヤゴ発生 ドジョウメダカ・フナ遡上・産卵・孵化 クモ侵入
移植および抑草初期の診断と防除	6	上旬	移植（坪70〜80株） 抑草資材散布 茎肥作成	代かき後3日以内に移植 抑草資材（米ぬか屑大豆混合ペレット80kg）散布。水位5cmの常時湛水を維持。 グアノ入りペレット嫌気発酵肥料作成	
		中旬	生育診断 雑草防除	茎数・初期病害虫被害調査・水位10cmへ根ぐされと雑草の多いときは中耕除草	
生育診断と茎肥	6	下旬	生育診断・茎肥散布	オモダカ手取り除草（1h／10a）・生きもの調査　茎数調査・グアノ入り嫌気発酵肥料10〜30kg散布	
中干しと体質診断	7	下旬	畦畔草刈・体質診断・中干し10日間 掛け流し水管理	葉色（SPAD値）による窒素濃度調査に基づき日照不足時は食酢を葉面散布・トンボの羽化確認・中干し	トンボ羽化・カエル変態
出穂期	8	上旬	掛け流し水管理	8月15日出穂	
刈り取り	9	下旬	水管理	刈り取り10日前まで掛け流し水管理・穂軸の青みが3分の1になった時点で収穫	

留意点：水田生物の活性化を促すために水温の上昇に努める（温水池・防風林ネットの設置など）
ポット育苗の場合は30g、マット育苗は60g以下の播種量とする

執筆者へのファンレター

～著者紹介に代えて～

東京大学保全生態学研究室　菊池玲奈

「菊池さん、『コウノトリの贈り物』の著者紹介を書きませんか？」

研究室で仕事をしていると、鷲谷先生に突然、後ろから声をかけられました。「もう決めちゃいましたから！」と言わんばかりの、にこにこ顔なのです。困りました。

二〇〇四年の一〇月から研究室に在籍して三年。鷲谷先生に同行して、たくさんの現場を訪ねる機会をいただきました。もともと田んぼが好きなので、「生物多様性保全型農業」の実践の現場はどこも楽しく、また、先生との間で「自然再生は、おいしい！」というキャッチフレーズが誕生したほど、「里山と農のめぐみ」の大きさに感動する日々でした。その中で、ますます強くなったのが「ほんものの生物多様性保全型農業は、生き物だけでなく、人も賑わせるんだ」という思いです。

忘れがたい滞在を思うとき、その風景とともに、必ず人の言葉や顔があらわれます。そして、その人に会いたい、という思いがまた足を運ばせ、新たな出会いを結んでくれるのです。この本のご著者の皆さんは、私にとって、そんな方ばかりです。また「自分たちだけが成功しても意味がない。自分たちの取り組みをきっかけに、どんどん社会にいい取り組みが広がってほしい」という考え方も、不思議と共通しています。

私などがご紹介するのは甚だ気が引けるのですが、先生から「ファンレターでもいいので」とおっしゃっていただきましたので、お引き受けすることにしました。ご著者の皆さんのお人柄が、少しでも伝われば幸いです。

中貝宗治（なかがい・むねはる）：兵庫県豊岡市長

一九五四年、兵庫県豊岡市に生まれる。一九七八年兵庫県職員、一九九一年兵庫県議会議員を経て、二〇〇一年より現職を務める。「コウノトリも住める豊かな自然環境と文化環境は、人間にとってこそ素晴らしいものに違いない」という信念のもとコウノトリ野生復帰事業を推進し、「安全・安心農作物認証制度」「豊岡市環境経済戦略」「子どもの野生復帰大作戦」など、次々と独自の施策を展開。人と自然の新たな共生の形を追い求める〝豊岡の挑戦〟は、全国から注目を集めている。

☘

二〇〇六年九月、コウノトリの野生復帰に向けて二年目の放鳥が行われた日。私も、その瞬間に立ち会うため、会場に向かって円山川《まるやまがわ》のほとりを歩いていました。二〇〇四年、台風二三号により円山川の堤防が決壊し、押し寄せた泥水にまちが沈んで二年。中貝市長から「あの場所を、市民にとって復興と希望の象徴にしたいんです」と、堤防の決壊場所に近い河川敷を会場に選ばれたことをお聞きしていました。箱からコウノトリが飛び出すたびに、堤防を埋め尽くした人々から湧き上がる拍手と歓声。「頑張れ！」という声援は、新たに舞い上がった三羽のコウノトリに対してだけでなく、コウノトリとともに生きていく豊岡の人たち全員に向けられたエールだったと思います。

私が中貝市長と初めてお会いしたのは、二〇〇四年一二月。宮城県田尻町《たじりちょう》（現・大崎市）で開催された「環境創造型農業シンポジウム」でのことでした。折しも水害の直後。基調講演の中で紹介される、被害の大きさを物語る数々のスライドに言葉を失いました。でも、ご講演が終わったときに一番印象に残ったのは、豊岡の人たちの「笑顔」。そして「豊岡に行きたい」という強い高揚感でした。

その後、何度もご講演をお聞きしていますし、豊岡を訪ねることもできたのですが、高揚感は一向に冷めず、強くなるばかりです。それは、中貝市長が語る豊岡の未来が、過去と分断されていないから。いいことも悪いことも含めて見つめ直すことで、豊岡が引き継いできた歴史や文化の先に、今の世の中に思いっきり誇れる未来が実現できるということを〝豊岡の挑戦〟が見せてくれるから、かもしれません。

秘書の方とのやりとりの中で「翼の生えた豊岡市長、コウノトリよりもよく飛びます」というメールをいただいたことがあります。本当にお忙しい毎日だと思いますが、全国に、そして世界中に「豊岡ファン」を生み出しつつ、これからもますますご活躍くださいますように。

佐竹節夫（さたけ・せつお）：豊岡市コウノトリ共生部コウノトリ共生課長
一九四九年、豊岡市に生まれる。一九九〇年、豊岡市教育委員会社会教育課文化係長として、初めてコウノトリ保護増殖事業に関わる。以後、兵庫県立コウノトリの郷公園・豊岡市立コウノトリ文化館の立ち上げへ。二〇〇〇年、豊岡市立コウノトリ文化館長に就任、二〇〇二年、企画部コウノトリ共生推進課長。二〇〇六年より現職と、一七年にわたって「コウノトリ」にどっぷりと浸かって（ご本人談）、〝豊岡の挑戦〟の現場で走り回っている。

☘

「ハチは残念だったなあ」

「ハチは何が原因だったか……」

「ハチは……」

佐竹さんに会うなり、地域の人たちの口から言葉がこぼれ出してきます。コウノトリの野生復帰の立役者でもあった野生コウノトリ「ハチゴロウ」が変わり果てた姿で発見されてから、数日後のことでした。私自身、それまでの滞在でハチゴロウに出会う機会がなく、今度こそ！と胸を躍らせていた矢先のことで、本当にショックでした。でも、一羽の野生の鳥の死が、ここまで地域の人たちに悼まれていることに、胸が熱くなりました。

一度は、共に生きる道を人間が閉ざしてしまった存在。農家にとっては害鳥の側面すら持っていたコウノトリ。私たちが今、報道などで触れる「野生復帰」という「輝かしい成功」の陰には、表舞台では語られない膨大なやりとりや努力、コウノトリを地域の「矛盾」から「未来」の象徴に変えようとする、豊岡の「人」をめぐる歴史が続いています。生きている人の数だけ立場も思いもある。それらをどうやって引き出し、社会の中に位置付けていくのか。

「ええことばっかやありまへん。まだまだ課題が山積みですわ」と、佐竹さんはいつもおっしゃいます。でも、その表情には、コウノトリという存在も、人という存在も、おもしろくてたまらない、愛しくてたまらない、という思いが溢れています。

座談会に登場される、コウノトリ共生課の宮垣さんに、車で豊岡を案内いただいたことがあります。美しい風景、コウノトリをめぐる様々な出来事、おいしい食べ物……尽きることなく「豊岡自慢」が出てきます。コウノトリ共生課に配属されたとき、まず上司である佐竹さんが徹底的に現場に連れ歩いてくださったのだ、とお聞きしました。地域に暮らす人たちが、過去だけではなく、今も「お国自慢」を生み出し続けている。コウノトリをめぐる取り組みの中で、ますます増えるお国自慢を聞きに、また豊岡に行きたいと思うのです。

呉地正行（くれち・まさゆき）：日本雁を保護する会会長

一九四九年、神奈川県に生まれる。東北大学物理学科在学中、初めてガンと出会う。以後、ガンに魅了され続け、日本に渡来するガンを保護する活動に精力的に取り組んでいる。現在、宮城県栗原市若柳在住。伊豆沼・蕪栗沼では、市民参画型の自然再生や地域おこしを実践し、特に、減少を続けるガン類の越冬地の再生と、冬期湛水水田の手法を重ね合わせた「ふゆみずたんぼ」の取り組みを広く紹介している。二〇〇一年「みどりの日」自然環境功労者環境大臣表彰（保全活動部門）。主な著書に『雁よ渡れ』（どうぶつ社、二〇〇六）など。

☘

二〇〇五年の夏、宮城県・蕪栗沼《かぶくりぬま》の近くで「ふゆみずたんぼ」を営む農家さんを中心に、畑や田んぼで様々な活動をしている「田守村《たっしゅむら》」にお邪魔していました。そのうち一人が「いや〜、呉地さんに『ガンもカモも同じに見えて、よくわかんね』って言っちまったら、えらい目にあった〜」と言い始めました。呉地さんに、ガンをめぐる状況や見分け方について、二時間にわたって熱く語り続けられた、というのです。そのうち「俺も、俺も」と似たような話が出てきて、「ガンかカモかもわからない」は、呉地さんの前では禁句だ、と、皆で「とても楽しそうに」

笑いました。

　呉地さんは、ガンにそっくりです。研究者は研究対象に似てくる、というのはよく言われることですが、会うたびにその度合いが増し、地元の人たちにも「そのうち、飛ぶんじゃないか」と言われています。呉地さんに、表情豊かに（これがまたガンにそっくりなのです）語られると、その事実に対する理解より先に、呉地さんの「ガン好き」に感染してしまう人たちがあらわれます。田守村のこたつに集まる人たちは、いつしか「ガンとカモ」の区別どころか「オオヒシクイとヒシクイ（ともに大型のガン類。くちばしの形で主に見分ける）」を見分け、何万羽ものマガンの中にわずかに混ざってやってくる「カリガネやシジュウカラガン」を見つけ出す人たちになっていました。感服です。

　マガンが渡る季節になると、ガンに魅せられて神奈川から宮城に移り住んでしまった呉地さんを思い「田尻の人たちに会いたいなあ、鍋をつつきながら、ガンや田んぼの話で盛り上がりたいなあ」と、東京で空を見上げています。「ガンのしもべ」として、日本のみならず、世界の湿地を守るべく飛び回る日々が続いていますが、いつか呉地さんが、のんびりと大好きなガンたちを、心から安心して見られる日がやってきますように。

石塚美津夫（いしづか・みつお）：新潟県ささかみ農業協同組合販売交流課長

一九五三年生まれ。一九七一年、旧笹岡農業協同組合に入協。一九七八年の首都圏コープ事業連合との交流事業の開始を皮切りに、消費者との積極的な交流を実施。一九九〇年には「土づくりは、村づくり」を合言葉に、「ゆうきの里」を宣言。現在、地域内のもみがらや、畜産排泄物を利用した堆肥の散布、大豆加工体験施設の設立など、「循環型農業」を軸に、地域ぐるみの活動を展開している。自身、五・五ヘクタール(有機栽培二・一ヘクタール、特別栽培三・四ヘクタール)を耕す農業者でもあり、二〇〇六年、「オリザささかみ自然塾」を設立。グリーンツーリズムの旗振り役としても、中心的な役割を果たしている。

二〇〇七年二月、生協のツアーの方たちといっしょに「ゆうきの里火祭り」にお邪魔してきました。広場に巨大な「賽の神」が仕立てられ、神事の後に、火がつけられます。周囲では餅つきに、巨大なお鍋。「だんごまき」の品を一つでも手にしようとする人々の賑やかな歓声で、祭りは〆を迎えます。ささかみの冬の風物詩。実は、伝統的な行事ではなく、一九九九年、林野庁から払い下げられた土地に植えられていた杉の「処分」をめぐるアイディアから生まれたのです。

「制度に合わせてやりたいことを考えるんでは遅い。やりたいことをまず考えて、それを実現するのに利用できる制度があれば、使えばいい」石塚さんはいつもおっしゃいます。さらに驚かされるのが、「システム」としての見事さです。ふるさと創生資金を活用して「堆肥工場」をつくられたお話が本文に出てきます。ただ工場をつくるだけでなく、もみがらの回収、畜産廃棄物を併せた堆肥の作成、散布……現場で、誰に何をしてもらうのか的確に仕組みをつくり、地域の人たちが生き生きと役割を果たされています。地域内のもみがらと畜産廃棄物が適正に農地に還元されることは、ささかみの各所に湧く水の、清らかさにもつながっているはずです。

二〇〇六年から、消費者の方たちと耕作放棄地の復田を進めている「夢の谷ファーム」にもご案内いただきました。まだ雪の残る谷間に広がる、大小様々な田んぼたち。水を張られた田んぼを分ける、ゆるやかな畦の曲線。真四角の田んぼを見慣れている私に、その風景はこのうえなく優しく見えました。機械を使った復田なら、効率のよい形に変えてしまうこともできるのです。「この風景こそ、残したかった」と満足げに夢の谷を見つめられる石塚さん。お家でごちそうになった「特製エゴマ団子」の味とともに、その言葉の深さを今も時々思い出しています。

庄司昭夫（しょうじ・あきお）：株式会社アレフ代表取締役社長

一九四三年、岩手県に生まれる。一九七六年「カウベルカンパニー株式会社」設立（現・アレフ）、代表取締役就任。ハンバーグレストラン「びっくりドンキー」をはじめ、約三百店舗を全国に展開（フランチャイズを含む）。二〇〇七年三月期の法人売上は三八四億円。

「企業の存在根拠は、社会の不足や不満、問題を解決すること」を経営テーマに、「人を良くする〝食〟」に徹底的にこだわり、農薬や化学肥料、成長ホルモン、抗生物質などの使用低減に創立当初から取り組んでいる。省エネ・省資源の実践、研究調査への協力など、環境問題の解決に向けた取り組みは幅広く、二〇〇六年より「北海道・ふゆみずたんぼプロジェクト」をスタートさせた。

☘

「ふゆみずたんぼプロジェクト」へのアドバイスや、セイヨウオオマルハナバチへの対策のご縁で、年に何度かアレフにお邪魔しています。ある日「びっくりドンキー」で打ち合わせていたときのこと。社員の方たちが「これ、おいしいんですよー」「そうそう、〇〇がいい感じで……」「新製品はいつも楽しみなんです」と嬉しそうに勧めてくださいました。私も早速、そのデザートを注文。味ももちろんとてもおいしかったのですが、社員の方たちが一般のお客さんと同じように、新しいメニューを楽しみにされていること。そのことにとても安心し、アレフという会社とご縁ができたことを嬉しく思いました。

「稲葉先生や、岩渕先生にこんなに頻繁に来ていただくなんて、ありがたいやら申し訳ないやら……」アレフの「ふゆみずたんぼプロジェクト」に協力くださっている農家さんの言葉です。北海道に農家さん個人で先生方を招き、話をうかがう、というのは、確かになかなかできることではありません。プロジェクトでは、農家さんどうしも事あるごとに交流され、互いの田んぼを視察したり、アドバイスし合ったりされています。積み重ねられた経験は、農法として整理されつつあります。アレフは、機会や情報を自分たちが独占して地域に指導する方法ではなく、誰でも飛び乗れる「舞台」をつくりました。人々がその舞台で技を磨き、誕生したパフォーマーや技が、地域や社会にとってかけがえのない財産となっていくはずです。それは「企業が撤退したら何も残らない」と言われる地域のお付き合いとは、全く違うものだと思います。

「若い頃、盛岡で河原の石に黄色いペンキを塗りたくった。このペンキが消えるまでに、売上げを百億にしよう、偉くなろうって思ってね。貧しい頃は、賑やかで華やかなことばっかりに憧れてたけど、今は、シンプルなのがいい」茂漁川《もいざりがわ》（恵庭市）の清冽な水音と小鳥の声。木々の葉ずれの中で穏やかに語られる庄司社長のお話が、私はとても好きです。

稲葉光國（いなば・みつくに）：NPO法人民間稲作研究所理事長

一九四四年、栃木県上三川町に生まれる。東京教育大学大学院修士課程（農村経済学専攻）修了の後、二八年間農業高校の教諭として農業教育に携わる。農薬の危険性について三十年近く前から問題を唱え、環境の保全、消費者の健康、農家自身の豊かさを満たす農業の研究拠点として、一九九九年にNPO法人民間稲作研究所を設立。有機農業学会の理事も務めている。農業技術や資材の開発・普及のほか、有機農産物の認証（二〇〇〇年に認定機関登録、二〇〇六年より有限責任中間法人民間稲作研究所認証センターに業務移管）、食味などの検査業務、政策提言など幅広い活動を展開。二〇〇四年には、兵庫県豊岡市より「コウノトリと共生する水田づくり事業」を受託。著書に『あなたにもできる無農薬・有機のイネつくり』（農文協、二〇〇七）など。

☘

毎年新春に、民間稲作研究所主催の公開シンポジウムが開催されます。私が初めて参加したのは二年前のことでした。たまたま稲葉さんのお話をうかがう機会があり、今まで聞いたこともない農法の展開に驚き「もっとこの人の話が聞きたい！」と、思わず一人で参加を申し込んでしまったのです。周りは、農家さんばかり。稲葉さんのお話に引き込まれていると、会場からは次々に「自分はこうしてみた」「それは違うんじゃないか」「いや、自分はこう思う」と意見が飛び交います。「失敗したから、やり直し」はきかない。一年にたった一回のチャンスをかけた経験を語るのですから、その迫力たるやすごいのです。稲葉さんは丁寧にそれら一つ一つを受け止め、議論が続きます。「教える・教えられる」の関係だけではなく、皆が自分の経験を持ち寄り、それら様々な経験が総合化され、農法が高められていきます。「稲葉さん、頑張ってくれや」とあちこちからゲキが飛びました。

参加者の中には、北海道など遠方から毎年参加されている方も多く、夜中まで話が尽きることはありません。いわば農家さんの「サロン」に飛び入りしてしまったような感じでしたが、たくさんのかっこいい農家さんたちとのご縁ができたこと。何より、農家さん自身にこんなにも参加を楽しみにされている会を主催する、稲葉さんやご関係者の方々のお人柄に感動した二日間でした。

二〇〇七年の春は、研究所一〇周年記念のシンポジウムが行われました。会場には、参加者への感謝の気持ちとして、しだれ桜の苗が用意されていました。村で一番早い代かき・一番遅い田植えを推奨している稲葉さんから「この桜が咲く頃には、一回目の代かきをしてくださいね」という粋なメッセージです。私の苗は、ささかみの石塚さんが持ち帰り、「夢の谷ファーム」に植えてくださいました。しだれ桜の下でのお花見を思いわくわくしつつ、かっこいい農家さんたちのお話がうかがいたくて、シンポジウムの案内を今年も心待ちにしています。

座談会

コウノトリと豊岡の農業を語る

〈パネリスト〉

●お米作りの立場から

畷　悦喜（コウノトリの郷営農組合長）

●行政の立場から

佐竹節夫（豊岡市コウノトリ共生部コウノトリ共生課長）

宮垣　均（豊岡市コウノトリ共生部コウノトリ共生課）

●生産者団体の立場から

堀田和則（ＪＡたじま営農生産部米穀課）

●お米作りと水田稲作研究者の立場から

稲葉光國（ＮＰＯ法人民間稲作研究所理事長）

●お米作りと生物学者の立場から

岩渕成紀（ＮＰＯ法人田んぼ代表）

〈コーディネーター〉

鷲谷いづみ（東京大学大学院農学生命科学研究科教授）

2006年11月26日（日）に開催された、「第３回 田んぼの生きもの調査全国シンポジウム」（JA ビル JA ホールにて）。午後の公開座談会で、「コウノトリと豊岡の農業を語る」をテーマに活発な意見交換が行われた

鷲谷　東京大学の鷲谷《わしたに》です。今日は公開座談会ということで、コウノトリの取り組み、農業の取り組みに関係していらっしゃる方々の間で自由にお話をしてもらって、会場の方たちもそのお話を楽しんでいただければと思います。

私のことは、「田んぼの生きもの調査」や、自然と共生するような農業をやっている地域の応援団と思っていただければと思います。豊岡《とよおか》や田尻《たじり》、その他いろいろな地域で、今、皆さんが何をやって、どのようなことを考えていらっしゃるのかにとても興味を持っていて、いろいろなことをお尋ねしたいと思っています。今日はコーディネーターということで、なるべく私からはお話しせずに、皆さんからのお話を引き出したいと思います。

まずは出演者の皆さんから、自己紹介を兼ね

畷悦喜（コウノトリの郷営農組合長）

鷲谷いづみ（東京大学大学院農学生命科学研究科教授）

た一言をお願いします。

畷　いろんな先生方のご指導を受けながら、無農薬、減農薬ということで、コウノトリと共生する農業に取り組んでいます。畷《なわて》といいます。どうぞよろしくお願いします。

佐竹　豊岡市役所コウノトリ共生課の課長をしています、佐竹《さたけ》といいます。よろしくお願いします。

今年（平成一八年）、豊岡市は「農林水産部」という名称をやめて、「コウノトリ共生部」としました。さすがに「それで支障はないのか」という心配の声もありましたが、議会でも承認されました。コウノトリと共に生きるまちづくりをさらに進め、農業部門では環境創造型農業を全面的に展開する、というのがコウノトリ共生部になった理由です。今日は、現場サイドでどういうふうにやっているのかということを語れたらと思います。

「役人というのは通常で三～四年。担当がコロコロ変

宮垣均（豊岡市コウノトリ共生部コウノトリ共生課）

佐竹節夫（豊岡市コウノトリ共生部コウノトリ共生課長）

わるので、責任者がよくわからない」と言われていますが、僕は一七年目です。平成二年からコウノトリの仕事に入り、どっぷり漬かっている状態です。

宮垣　佐竹課長のもとで働いていますコウノトリ共生課の宮垣《みやがき》といいます。佐竹課長が頭も手足もすべてを使って、一七年間ずっとやってこられたことを、もう一つの手足となって動いています。まだ五年ほどなので片足しか漬かっていないかもしれませんが、自分ではもっと漬かりたいと思っています。

どこまでお話しできるかわかりませんが、一番末端のところの話ができたらと思っています。

堀田　たじま農協米穀課の堀田《ほった》と申します。どうぞよろしくお願いします。私自身はふだん、米の販売に携わる仕事をしておりまして、暇さんなどによく「お前、席に座っておらんと、早く米を売ってこい」と尻を叩かれながら、米の販売を勤しむような仕事をしております。

稲葉光國（NPO 法人民間稲作研究所理事長）

堀田和則（JA たじま営農生産部米穀課）

平成一八年度より「コウノトリ育む農法」のお米作りというのが、私の農協の基本方針にようやく入りました。しかし、こういうお米を作っている農協でも、まだまだ職員一致団結して、この農法を広めるという話にはなっていないので、担当者を含めてがんばっていかないといけないと思っています。

一つでも皆さんの参考になれたらいいかと思っていますので、今日はよろしくお願いいたします。

稲葉　民間稲作研究所の稲葉《いなば》です。私は豊岡に関わらせていただいて、今年で五年目になります。

実は、もう少し古い時代に豊岡に関わっていた時代がございまして、最初は昭和五八年のことだと思います。成苗二本植え研究会という形で、稲作技術の革新運動をしようというメンバーの方が四〜五人いらっしゃって、城崎《きのさき》温泉の有名な旅館で研修会を開いた記憶を持っています。その米作りがまた皆様のおかげで実現する。そんなことで私としては、非常に思い入れが強い場所です。

岩渕　農業を、環境と生物多様性の面から支えようとする「NPO法人田んぼ」を今年から立ち上げた、理事長の岩渕《いわぶち》です。よろしくお願いします。

イトミミズと菌が作るトロトロ層を、祥雲寺《しょううんじ》区長の稲葉さんと畷さんの田んぼで調べますと、深く豊かにできています。そのことを私たちは大トロ層と言っています（笑）。その大トロの仲間である畷さんは、実はソバ作りも名人でして、その大トロ層を見ながら、ソバを食べるという豊岡の文化といっしょに楽しむことができます。

岩渕成紀（NPO法人田んぼ代表）

私はいつも生物曼陀羅《まんだら》の豊かさをお話ししていますが、実は豊岡には、曼陀羅寺とか、まんだら湯といった曼陀羅ゆかりのものが多くて、豊岡に来るのが非常に嬉しいのです。そして私もついに、曼陀羅のもとであるイトミミズ神社を自分の事務所に作ってしまいました（笑）。イトミミズが作ったトロトロ層の土の標本の前に、小さな神社を作って毎日拝んでいるのです。

まちづくりの基本にコウノトリを据えた第一ラウンド

鷲谷　豊岡では今、いろいろと新しいタイプの取り組みを進めていらっしゃって、皆さん元気に活動していらっしゃると思いますが、その前には非常に長い歴史があり、その歴史があったからこそ今があるのだろうと思います。

何年もこの仕事をされている佐竹さんは、これまでを振り返って、今はどういう時期だと思いますか。あるいは今、こういうことを重点的にやっていきたいということがあれば、少しずれたお話でもいいので、お願いします。

佐竹　おそらくずれると思います（笑）。

最初の頃は、コウノトリを将来にわたってずっと保護していくため、コウノトリの遺伝子管理とか、繁殖技術の確立とか、人工飼育全体のシステムをどうするかということに没頭していました。やがて、飼育下のコウノトリを野生に帰すということが課題になります。コウノトリの生息地は、主に田んぼです。「では農業をどうするのか」というテーマに、すぐにぶつかりましたが、当時はまだ、市や地域の体制は整っていませんでした。

「農業をどうするのか」というときに最初に浮かんだのが、「農と自然の研究所」を立ち上げられていた宇根《うね》豊《ゆたか》さんと、「日本雁を保護する会」の呉地《くれち》正行《まさゆき》さんの名前でした。そこで、平成一三年に市民講座を開催し、お二人に豊岡に来てもらいました。宇根さんからは、農業から生き物の世界に踏み込まれている話を、呉地さんからは、雁を守るという鳥のほうから田んぼに向かっている話をそれぞれしてもらいました。何か豊岡の方向が見えてくるんじゃないかと考えたのです。そのときに観客に混じって、コソッと来られていたのが稲葉光國先生だったのです（笑）。別にゲストでもないのに盛んに手を挙げて、積極的に発言をされていました。その内容を聞いて、目からうろこがポロッと落ちたのを記憶しています。

当時の状況を考えたときに、やはりいきなりすべてのまちづくりをコウノトリで埋め尽くすなど、とてもできません。そこで、まずは「コウノトリの郷《さと》公園」という大きな施設をつくって、その周辺地域を拠点にして取り組みを集中すべきだということになりました。市の基本構想で「環境創造モデルエリア」に位置付け、まちづくりの出発点に据えたわけです。

平成一四年からは県といっしょに、コウノトリが舞い降りる地域づくりに取り組み出しました。このあたりから地域づくりと農業というのが渾然一体となっていったように思います。以後は、アメーバのように少しずつ各地域に広がってきたということになります。

ところが初期の市の中では、ずっと異端児でした。当時の総務部門や農業部門は、「理屈はわかるが、行政はそんなに変われない」というものでした。コウノトリの仕事は、文化財（天然記念物）保護の一環として教育委員会で行っていましたが、中貝市長になって、コウノトリをまちづくりの中核に据えるために機構改革がなされ、コウノトリの仕事が市長部局の企画部に移り、「コウノトリ共生推進課」が生まれ、環境政策全般もやるようになりました。それが第一ラウンドです。

鷲谷　宮垣さん、何かつけ加えることはありますか。

宮垣　第一ラウンドまでは、完璧に話していただいたと思います（笑）。

鷲谷　呉地さんたちが豊岡にいらっしゃったときに、稲葉さんがたまたまいらっしゃって、それが運命の出会いだったようですけれども、何かコメントはございますか。

稲葉　根っから忘れっぽい質《たち》なものですから覚えていないのですが、確か里地ネットワークの方に誘われて豊岡に来た記憶があります。その時には生意気にも「コウノトリを育むためには、やはり農業が変わらないと難しいのではないか。農薬も化学肥料も使わないということを前提にした場合、今までの皆さんの技術を変えないと難しい面があるのではないか」みたいなことを言ったのではないかと思います。

そこのところが未だに、重たい課題として残されているという感じがします。

農家、行政、ＪＡとの連携をとって進めた第二ラウンド

鷲谷　そういう重たい課題を抱えながら、畷さんはいつ頃からそういう農業に携われたのでしょうか。

畷　平成二年か三年ぐらいのときから、「いよいよコウノトリの野生復帰の施設をつくる、その候補が二箇所に絞れている」という話が持ち上がっていました。当時、私どもは兼業農家で、勤務しながらいいかげんな農業をしていましたけれど、やはり最後には農業がコウノトリとつながるということは忘れることはできませんでしたし、「コウノトリが再び戻ってくれたら」という希望と期待を持っていました。

平成四年に私どものところに野生復帰拠点施設をつくることが決まって、地区としてコウノトリと共生する地域づくりをどうしていこうかという話の中で、農業に関しては、「地区全体で農薬や化学肥料削減の田んぼづくり、有機栽培に、一人一人が取り組んでいこう」ということになりました。平成八年にアイガモ農法に取り組む農家が出てきたのが、具体的な取り組みの最初です。

佐竹　「コウノトリと共生する地域づくりとは具体的にどのようなものか」ということが、実は役所もわかっていませんでしたし、コウノトリの郷公園のお膝元の祥雲寺地区でもイメー

ジがつかめませんでした。いきなり大きな施設ができることになって、地区始まって以来の混乱になってしまったのです。そこで地区では、平成七年に「祥雲寺地区を考える会」というものができ、その後「コウノトリのすむ郷づくり研究会」に改組されました。そのあたりから、少しずつ組織も整備をされてきたように思います。

それと並行して平成七年、三江《みえ》地区にアイガモ農法を取り組む方が二人出てきました。これは、前段として県が提唱する環境創造型農業の試験田をやっていて、その過程でアイガモ農法を試みることになったのです。

アイガモを一番最初にやられた方は当初、「無農薬のためにアイガモ農法をするけれども、わしの田んぼに稲を踏むコウノトリが降りてきたら追い払う」と言っておられました。ところが一年後に「豊岡あいがも稲作研究会」ができた時、同じ方がすごく真剣な顔で「ほんまにわしの田んぼに、コウノトリが降りてきてくれるのだろうか」と、コロッと変わった言い方になったのです。そのとき、その理由の一つは、「自分がやったことに対してきちっと反応がある」ということかなと思いました。地域のみんながその人を動かすというか、子どもたちも「おっちゃん、おっちゃん」と慕ってくるし、マスコミも注目して取り上げていましたので。

豊岡の農業は地域づくりと一体ですので、「アイガモ農法=農薬を使わない農法」ということについて、役所はサポート役でJAが研究会の事務局を担いました。当初の頃、アイガモの全国大会などに行くと、「農薬を売って商売をしているJAが、農薬を使わないアイガモ農法の事務局をして問題はないのか?」という揶揄みたいなものがありました。当時担当していた若手のJA職員はそれに対して「JAも、これからの農業をちゃんと考えています」と毅然と答えていたことを思い出します。偉かったですね。様々な連携がそのようなやりとりとなり、動きが続けられて、農業者個人・農家のグループ化、そして行政・JAという四角関係のようなものが少しずつできてきたと思います。

農家の方が「何か不思議だけれど、コウノトリのことに携わっていたら、自分が困ったと思ったときに案外スッと乗り切れる。朝、田んぼを見に行くと、そこにコウノトリが降りていると か、何か妙にタイミングが合う」と言われます。科学的な根拠は全くありませんけれども「それが『コウノトリ』なのだ」と、僕はまじめに思っています。

アイガモ農法がある程度落ち着いて、次の段階という平成一五年に「自然再生推進法」が施行されました。国も農家も「これからの農業をどうしていいのか」と不安なときでした。市はこの推進法の「田園自然環境保全・再生支援事業」を取り入れ、農業アドバイザーとして正式に稲葉先生を迎えたというのが第二ラウンドになります。

鷲谷　第二ラウンドではJAの役割もおありになったということですので、堀田さん、何か思い出でもいいですし、今の段階についてのお話でもかまいませんので。

堀田　先ほど説明がありました通り、豊岡ではアイガモ農法というものが最初にありましたが、その販売は全量農協が取り扱わせていただき、コウノトリのお米についても、四年前（平成一五年）より農協が取り扱いをさせていただいています。

技術指導などには稲葉さんのような偉大な方に来ていただいていましたので、JAとしてはこの活動に米の販売で携わらせてもらったのですが、最初の頃はなかなか売れませんでした。そのお米の良さを説明しても、なかなかうまく伝わらなかったのです。二年目の平成一六年などは、正直売れる見込みはわずかしかなかったのですけれども、収穫後に台風二三号が来まして、JAが集荷した米は全部水に浸かってしまったのです。しかし、これが幸いして、結果的には在庫が残りませんでした（注：台風で水没したお米には保険による補填がある）。ちょうど私自身も台風の日に、コウノトリのお米の営業で米穀店さんなどの集会に出させてもらっていました。それで皆様が豊岡という産地を覚えてくださいまして、「来年は買うから」みたいなことで知れ渡っていったという記憶があります。最初の一、二年は農協内でも「売れる見込みのない米を取り扱う必要があるのか」という反対意見もありましたし、コウノトリの放鳥以前では、在庫、知名度とも台風に救われたということが当時の思い出です。

鷲谷　宮垣さんからは、第二ラウンドに関しては、どうでしょう。

宮垣　第二ラウンドについては、課長が気を遣って僕が話をできるように残していただいたようです。

平成一五年の自然再生推進法に基づく事業は、「コウノトリと共生する水田づくり支援事業」として農政課ではなくコウノトリ共生推進課（当時は企画部）が担当しました。その中で農業アドバイザーとして稲葉先生に正式に加わっていただいて、一年間を通して生き物を育む農業についての学習会を行いました。同時に宇根豊さんにもアドバイザーになっていただき、精神面と技術面の両側からコウノトリの餌場ともなるような生き物を育む農業を勉強していきました。当初は、行政が開く学習会ということもあり、参加者の中には単に参加しているだけとという雰囲気の方もいました。しかし、参加する農家の何名かは本当に農業やコウノトリのことを考える方もいましたので、次の年には、「最初は四人でもいいから始めよう」と有機農業に本気で取り組む農家を対象に、「技術指導会」を稲葉さんとともに始めました。

行政の中では、有機農業という当時はまだまだマイノリティで、参加者も未知数なものを本当に始めてもいいのかという声もありましたが、稲葉さんの熱意と「良いことは、ドンドン行けぇ」という性格の上司のおかげで、民間稲作研究所に委託事業として二年間にわたる「コウノトリと共生する水田づくり再生マニュアル作成事業」として平成一六年に出発したのです。最初の技術指導会では、無農薬栽培にいきなり取り組む方に限るというような案内を出していたので、せいぜい四～五名の参加者があればよいと思っていましたが、何と一二名もの農家が集まってくださいました。すごいことでした。

その技術指導会は、実践的な無農薬農法のことを学ぶのですが、生き物、生物多様性という観点は、豊岡で農業を行う中には欠かせないものでしたので、民間稲作研究所の理事でもあった岩渕先生に生物の側から農家を支えていただきました。

岩渕先生とは、一つすごくおもしろいエピソードがあるのです。指導会のために豊岡に来ていただいたとき、城崎温泉の七つある外湯の中に「まんだら湯」があるという話をしたら「ぜひ、入りたい」とのことで城崎温泉まで行ったのですが、「まんだら湯」は閉まっていました。僕は指導会のことで城崎温泉を後にしていたので、先生は一人です。困っていた先生でしたが、その隣にある「まんだらや」という旅館の主人が出てきて岩渕先生に声をかけて、まんだらやの内湯に入れてもらったそうです。課長が先ほど話しましたが、「コウノトリのことになると何か妙にタイミングが合う」僕もそのことはいつも感じています。

その後、また迎えに行ったのですが、その話があまりに印象的だったのと、岩渕先生の豊岡への溶け込み具合に、岩渕先生の印象を「すごい人だ。仏様みたいな人だ」と思いました（笑）。その前には、稲葉先生も仏様みたいな人だと思っていたので、民間稲作研究所の関係者の方は仏さんばかりだと思っています。

話はまた戻りますが、稲葉さんたちと二年間を通してやっている間に、農政課とのつながりもしっかりつくっていって、コウノトリと共生する水田作りに関する事業をコウノトリ共生課から農政課に移管して、栽培等については農政課、生き物の観点はコウノトリ共生課というふうに、横のつながりをもって事業ができるようになりました。さらに取り組んでくださった農家の方々やＪＡたじま、兵庫県といった様々な組織や人が入り混じった「曼陀羅」のような中で、民間稲作研究所の助けを借りて、コウノトリと共生する水田を作る強いネットワークが構築されていったというのが、第二ラウンドまでの感じです。

鷲谷　岩渕先生、お待たせいたしました。仏様（笑）、曼陀羅をお語りください。

岩渕　結局、生物多様性を考えるときに何が大事かというと、一つ一つの生物を見ていくと、食べられるときもあるし逆に食べてしまうこともあって、要するに今まで言われてきた生物ピラミッドみたいなものは本当に存在するのだろうかということです。ふゆみずたんぼをやりながら、調べれば調べるほどわからなくなってきています。

ならばどう表現したらいいのかというと、ピラミッドではなく複雑な網の目状の曼陀羅、ちょうどインターネットのようなものではないかと思います。その見方次第で、例えばコウノトリが大事だったり、イトミミズが大事だったりするのです。農家の人たちが土づくりというところを見るならば、たぶんイトミミズが大事だろうし、全体の豊かさを見るなら、コウノトリが大事。それは田尻のガンとそこに住む農家、その他の生物の生き方も同じです。

最初に宮垣さんに、「豊岡には、実はまんだら湯があるんです」と言われたときに、これはぜひ入って点検しなければならないと思いました。その時、洪水の後でまんだら湯は閉まっていましたけれど、まんだらやの店主さんが声をかけてくれて、お話をしているうちに「内湯だからちょっと入りなよ」ということになったわけです。豊岡には先ほど言ったように、コウノトリ神社の前に曼陀羅があったり、神社の曼陀羅の下にお寺の曼陀羅があったりするわけです。これは山形の仏壇の上に鳥居が乗っているといった神仏融合の発想とよく似ていますが、そんな歴史的なことをいろいろお聞きしたり、地域の豊かさを体験していくと、そういう曼陀羅感覚が実は豊かな潤いのある農村社会をつくっていくのではないかということを、実際に私も非常に強く感じたわけです。さらに、そこに大型の鳥類であるコウノトリを放つというのは、すごいことだと思います。

佐竹　岩渕先生と宮垣の話を聞いていて「何の話をしているのか」と思っておられる人もあるのではないかと思いますが、実は豊岡市の取り組みはキチッキチッと理路整然とやっているわけでもないです。いまだにぐちゃぐちゃです。

例えば、農家の技術指導に行くといっても、その前後では飲んだりお寺に行ったりして遊んでしまいます。でも、それはすごく大事だと思います。そんなときに、地元のおじいちゃんかおばあちゃんがポッと入ってきて、「昔はこうだった」という話が出てきたりするんです。その話が、だいたいコウノトリなんです。巣がどうだったの、追い出しただの、けがをしただのという話がぐちゃぐちゃに出てくるのですが、そういうことも豊岡の文化なのです。そういった中で共生社会のルーツができたんだと思います。

そういったものをもう一度立て直すには、少し前に出る者が必要だと思います。おそらく皆さんの場でも、なかなか組織が動かないとか、やってもなかなか実がつかないといったことがあると思います。たまたま私と宮垣がオッチョコチョイで好奇心が強いから、いろいろ勉強すると、ついついやってみたくなったりするわけです。そうなると、いろいろなところから「出る杭は打たれる」のです。特に農業との問題ではケンカばかりでした。最初は農業部局から「俺らはお前らみたいな趣味で農業をやっているのではない」と、いつも言われていました。「自分たちの仕事には農家がいっぱいいて、その人たちは慣行栽培で一生懸命やっている。それをひっくり返すなどとんでもない」ということがありました。また「今でさえ残業、残業なのに、さらに余分な仕事をさせる気か」というようなことも言われまして、まあケンカばかりしていました。そんな時には、いろんな先生方や地区の人やらで遊んだり、愚痴をぶちまけたりすると、また元気が出て「明日からもう一度がんばろう」みたいなところがあります。役所内部だけでやっていたら、おそらくつぶれていたと思います。

鷲谷　豊岡の方たちは本当におもてなし上手ですから、コウノトリに関しても、たぶん全国にファンがいらっしゃるのでしょう。ですから、豊岡でやっていらっしゃることは、もう豊岡だけのものではなくなっていく面もあるのかと思います。

農業でのそういう産みの苦しみは、まだきっと続いているのだろうと思いますが、畷さんはそのあたりをどうご覧になっているのでしょうか。

畷　夢と農業の話になりますが、私は平成八年からアイガモ農法を始め、平成一四年からは本格的に営農組織を立ち上げていますが、当初の私も「自分では安心・安全な米を食べている」という意識がありまして、先生方の応援もはじめはあまり聞いていなかったのですけれど、コウノトリと共生するためには、やはり生物多様性に配慮した水田を増やしていかなければいけないと思い、方向転換をしました。やはり自分だけでなく、消費者の方々にも安心・安全な米を食べていただきたいと思ったのです。佐竹さん、宮垣さんの二人が相手でしたから、「ちょっとこれ、こうやってくれるか」と言われて乗せられたところがだいぶありますけれども、今日のような日を迎えられたのは、二人のおかげだと思っております。とにかく私たちの地域としては、安心・安全な米を作っていこうというのが建前でしたが、それと連動した、コウノトリが戻ってくるような水田作りという大きな取り組みは、佐竹課長以下がやってくれたようなものでしょう（笑）。

これまではコウノトリのために活動してきましたけれど、放鳥後は、今度はコウノトリから評価される立場になったんだなと、日々コウノトリを眺めながら感じています。

実際のコウノトリとシンボルとしてのコウノトリとの一致、「コウノトリを育むお米」の価値の確立が、第三ラウンドの課題

鷲谷　いよいよ第三ラウンドに入りました。様々なイベントが開かれ、全国に知れ渡るようになりました。それと農業やまちづくりなど、いろいろなことを絡めて進めていらっしゃるのだろうと思います。近況はいかがですか。

佐竹　僕は豊岡市の職員ですから、豊岡市のことしか考えません（笑）。イベントを開催するときにはいろいろな先生に来ていただきますけれど、一般的には、一番先生方のお話を聞いていないのは事務局ですし、一番接触しないのも事務局なんですね。段取りはメール等で行い、講演の最中は裏方でバタバタしているので、ほとんど聞いていないのが実情です。「これではいけない。せっかくすごい先生たちに来ていただくのだから、一番接触しなくては」と思っていまして、それをずっと心がけてやってきました。そのことが、皆さんに親しくしていただいている一つなのかと思います。結局、私たち自身がすごく興味を持っていること、好きなことでないと続かないわけです。イベントも回を重ねていくと、こちらと話

や感覚が合う先生しか来られなくなりますが、それが豊岡のカラーになってくるのだと思います。

課長としては、イベントをやってしんどかったという思いはいまだにないのですが、部下はどう思っているのでしょう（笑）。

宮垣　僕も思っていません。実際、自分の中でイベントを考えていくとき、かなり作為的に考えるところと「どうにでもなれ」と思うところなど、いろいろあります。イベントの前後も含め、話を聞いたり、したりする中で僕が影響を受けた方々はすごく多いです。皆さんとしっかり話をしてきたことが僕の中で大きな財産になっています。

少し話が逸れますが、僕が最初にこの仕事に携わったとき、コウノトリはもちろんですが、文化や歴史や人、自然など、コウノトリのことだけではない、豊岡や但馬の様々なおもしろいことに連れて行ってもらいました。「佐竹ツアー」と僕は呼んでいましたけれども、ほとんど机の前に座っていなかったと思います。そんな中で暇さんをはじめとした多くの方に出会って話をしていったことで自分の考えも整理されましたし、「こんな考えもあるのか」と醸成されることもありました。やはり、話をするということが大事だと思います。コウノトリ共生課では、忘年会でもコウノトリの話しかしません。「忘年会にコンパニオンを呼んでも、たぶんコンパニオンにもコウノトリの話をしているだろう」と課長補佐が言っていました（笑）。僕もこれまで五回ぐらい忘年会を経験しているのですが、コウノトリ以外の話をしたのは一〇分ぐらいしかないと思います。

もう一つ、課長は「豊岡市のことしか考えない」と嫌な感じで言いましたが、実はそこをよく議論しています。コウノトリの放鳥が現実化したときに、豊岡だけがよくなってもしょうがない。田尻もそうですけれども、地域として次のステップに行かなければいけない。地域として、日本や東アジア、世界にとってどう貢献できるかというところが、これからの課題になってくると思っています。

佐竹 「農業はこれからこうあるべきだ」とか「日本の農業はこう進めるべきだ」と言われても、「はい、わかりました」で、すぐ頭から抜けてしまいます。田んぼの生きもの調査を何でやるのかというと、自分の目というか、長靴をはいて泥の中からイトミミズを数えることによって実感ができるからです。それが実感できれば、そこから「自分の田んぼをどうしたい」という意識が出てくると思います。僕が言いたいのは、まずは「豊岡をこうしたい」というものがあって、その後で少しずつ広がっていくということです。当然その先には、日本や東アジアが見えてくると思いますが、最初からそっちを見てしまうと、わかったような、わからないようなで、終わってしまうことになるのでは、と思います。

また、放鳥するまでは夢やロマンでしたが、実際にあんな大きな鳥が外に出ましたので、もう待ったなしです。これを持続可能にするにはどうするのか、ということが問題になります。これから整理しなければならないのは、コウノトリというのは、大きな実物の鳥であるとともに、環境・農業のシンボルでもあるということです。実物のコウノトリは、これをいかに豊岡に定着をさせていくのか。シンボルのほうは、今後もいろいろな取り組みが出てくるだろうと思いますし、農家の方やJAの方はシンボルとしてのコウノトリを活用していくことになると思います。この両方を、どのようにドッキングさせるのかという真剣勝負になると思っています。

鷲谷　どちらを意識しているかということが人によって違うかもしれないですけれど、それがぶつかり合ってもめごとが起こるというようなこともありそうですか。

岩渕　その一つの事例ですが、実は昨日、田尻で生きもの調査の話し合いがあって、ある農家から「アキアカネよりナツアカネが減少している」という話が具体的に出ました。実際、アキアカネは農薬散布時期に避暑のため山に移動するので影響を受けにくく、田んぼにとどまっているナツアカネは農薬の影響を強く受けてしまいます。ですから、農薬を使っている地域では、まずナツアカネが減るだろうということを私たちはつかんでいましたが、そういう観点ではっきりと生き物の姿を見始めている農家が増えています。豊岡の福田地域にも、バイクに双眼鏡を積んでいる上山《うえやま》茂《しげる》さんがいて、コウノトリの行動をよく観察されています。これは次世代の農家というか、農地・水・環境保全向上対策の中で、我々が望むような農家の姿だと思います。ということは、農地・水・環境保全向上対策のお金を双眼鏡に当てたらいいわけです（笑）。実際そういう農家が現れたこと自体が、実は地域の環境対策にとって非常に大きな力になっていくのでしょう。

たぶん私たちの見えないところで、このような田んぼの生き物を意識した農家の皆さんがどんどん増えていると思います。それがまた豊岡の力になっていきます。例えば「豊岡の農家は半分が双眼鏡を持ってコウノトリを観察している」となると、これはむしろ大きな宣伝になるわけです。

双眼鏡を首にかけた農家、上山茂さん

「そういう農家がいる地域の米を食べませんか」と。このことは、中貝市長が言われる「環境経済戦略」にもつながっていくのではないかと思います。

鷲谷　そういう地域だということがわかれば、大勢の観光客も押し寄せてくると思います。

佐竹　一つ自慢させてください。野生のコウノトリが、コウノトリ保護増殖センターを塒《ねぐら》にしています。それを追いかけて外部からカメラマンがたくさん来られます。あるとき、小学校四年生ぐらいの地元の子どもが、そこにスケボーに乗って遊びに来ていました。たまたまコウノトリがカタカタカタッとやったとき、子どもたちが「あっ、クラッタリングしてる」と言い出しまして、カメラマンはみんな「豊岡の子どもはすごい！」とびっくりしていました。そのとき僕は「こんなのは豊岡では普通です」と胸を張って言いました。豊岡に暮らしていると、小学生でもコウノトリに関しては「生物学者か」と思うくらいのレベルになってきていると思います。大げさですが。

宮垣　コウノトリが豊岡の空を舞い出したことで、害鳥と言われているコウノトリが本当に苗を踏むのか、稲作に及ぼす影響を実際に観察して評価することも行っています。飼育コウノトリが放鳥される前は野生のハチゴロウ一羽だけを追いかけた結果、実際にはほとんど苗を踏んでいないことがわかりました。今年は放鳥した五羽との計六羽のコウノトリで調べたのですが、その結果は畷さんからお話ししていただけますか。

畷　これは二週間の調査でして、早朝四時頃から午後五時頃まで、二班に分かれて山の上から飛んでくるコウノトリを上から見るという形です。調査地の田んぼには田植え以降、コウノトリが降りていたのですが、調査に入ったとたんに降りてきません。やはりコウノトリは利口な鳥なんです。怒られたり、叱られるのが怖いんですね。結局、二週間のうち三日だけ、それも一時間か二時間程度しか降りてきませんでして、調査としては失敗に終わったと思っています。その中でも何とか足跡の調査をして、稲に有害なし、結果オーライとなりました。

今は多くの観光客や視察に来る方がいらっしゃいますが、コウノトリに理解ある方々が見えられたときには、ちょうど頭上に飛んでくるという格好で、コウノトリにはやはり人を見る目があるわけです（笑）。

言い忘れましたけれど、無農薬、減農薬栽培にはたいへんな不安の中で取り組みました。長時間の手作業での草取りなどの苦労もありましたが、やはり「失敗したらどうしよう」という取り組む前の精神的な不安が一番大きかったです。しかし今では経験上、水管理さえしっかりしていれば、ある程度の除草対策はとれるということがわかってきました。お米作りの抑草対策は、本当に水管理がとても重要です。大型農家の方はその水管理に目が届かなくなり、失敗して草が生えてしまうという状況があると思います。農家にとっては、このような思いが、コウノトリと共に暮らしている影響です。

鷲谷　今のお話を受けて、稲葉さんからも一言お願いします。

稲葉　生物の多様性を育む、あるいはコウノトリを育む農法というのは、言葉はたいへん美しいですけれども、それを実際に成功させるのには、いくつものハードルがあるということです。その中で一番肝心なのが水管理であり、これがなかなか徹底できないという面があります。

特に豊岡の場合、少し山あいのほうへ行きますと冷たい水がかかる田んぼが多く、そのために間断灌水が今までずっと行われていました。そこで「深水管理《ふかみずかんり》でやりましょう」と私どもが提案しましても、深水管理という言い方をすると、朝深く水を張って、その後は放置しておいてまた翌日深く張る、そういう管理だと理解されてしまいました。そうすると、夜のある時間帯には土壌が空気にさらされてしまい、ヒエがたくさん生えてしまう。昼間は深水管理になっていますから酸欠状態になり、今度はコナギがいっぱい生えてくる。ヒエとコナギの両方のオンパレードの状況が繰り返されてしまいました。

私が申し上げていたのは、常に一定の水位を保つということです。前半はそれほど深く張らないで浅い水でも、とにかく水位を保ち、それから徐々に深くしていくという水管理です。水が抜けると、ヒエは三時間で完全に生き返ります。そのような自然界に対する厳密な認識をしていないと、水管理も失敗してしまいます。同じことをするにも、例えば北海道は寒く、風がものすごく吹きますから、中途半端な管理では水位は保てません。ある意味では、その地域の風土をしっかり踏まえたうえでの管理の鉄則を、どれくらい皆さんが身につけられるかということが、成功と失敗の分かれ道になってしまう面があります。

また、この技術が本当の意味で農家の経済を潤していくものになっていかないといけません。

単なる生き物との共生が実現しただけでは完了ではないのです。そうなると、商品としても安定して流通する。価値が評価されるというような仕組みにしていかなければなりません。そうなりますと、育苗からスタートして収穫までいっさいの農薬も化学肥料も使わない、JAS有機の生産基準を意識せざるを得ません。ご承知のようにJAS法では化学肥料はいっさい使用しないということになりますから、苗床の床土をどう作るかということが非常に難しい技術になります。有機質の肥料というのは還元的環境で根に障害を与えるデンプン質を含みますから、それが不適切に処理されますと、あまり良い苗ができません。苗ができないと除草も失敗します。苗の段階ですべてが決まってしまうというくらいで、有機稲作にとっては苗作りが九割ぐらいのウエイトを占めるという、たいへん重要な技術です。そこの部分を、私は農協さんがよくやってくださったという感じがします。農協さんが独自に有機質肥料を開発し、苗作りの技術を確立されたことで「私はもう豊岡に行く必要はない」と判断しました。その後の深水管理、早期湛水といった一連の水管理の体系、豊岡版栽培暦を作っていく過程は、皆さんといっしょに作り上げてきたという感じがします。

豊岡では、私自身もいろいろ学ばせていただきました。生物の多様性を育む有機稲作とか、コウノトリを育む有機稲作というのは、実は田んぼの生きものたちをたくさん活用した中で実現できるというのが、豊岡の皆さんのおかげで見えてきた。そんなふうに思っています。

鷲谷　堀田さん、今のこととか、お米を売ることに対してご発言がありますでしょうか。

堀田　以前は私も、販売の担当ではなくて、どちらかといえば営農指導や苗作りのほうに携わっていました。コウノトリ育む農法では化学肥料をいっさい使用しませんので、苗作りも有機肥料を使って行う必要がありました。実際は、コウノトリ育む農法に取り組む以前より、酒米用に酒造メーカーさんから、「有機肥料を使って苗作りをしてくれ」という依頼がありまして、苗がカビだらけになりながら冬に何回か試験をしたことを覚えています。苗を作る際、育苗箱に播いた種を発芽させるために、高温多湿（ほぼ湿度一〇〇％）条件にするので、菌類にとって非常に繁殖しやすい環境になります。有機の肥料を使用した場合、これが菌類の栄養分となり、カビが大発生してしまうのです。有機肥料を使った苗作りは、まだ技術が完全に確立したわけではありませんし、農協の立場上、不完全なものを提供しづらいのですけれど、皆さんのご了承のうえで、「これぐらいのカビの発生量なら行ける」という段階で、苗をお使いいただいているのが現状です。また、ここ二年で販売の担当になりましたが、米の販売については今のところ順調に売れていると思います。

それとは別に、農協の管内でのほかの地域はどうなっているのかということを、少し紹介させてもらおうと思います。基本的には、コウノトリの米作りの取り組みを見て「あれは豊岡のことだから」と意識しない地域と、「うちらはコウノトリではない、もっと違ったいい米を作ろう」という地域との、二つに分かれています。いい意味での地域間の争いというのはどこでもあるかと思いますが、豊岡の取り組みが刺激になって「何とかがんばろう」という地域が出てきたことは、農協としても本当によかったと思っています。逆に「あれは豊岡だからできる」と考えてしまっている地域では、今まで通りの普通の米作りが続いています。そういう地域では今後どんな米作りをしていったらいいのかが課題になりますし、農協としても課題になると思っています。

鷲谷 畷さん、最後に「一言だけ何か」ということがありましたら、ご発言ください。

畷 私たちは平成一四年から無農薬・減農薬栽培に取り組み、稲葉先生や普及センターを中心にして、県、市、JAさんともども三年間栽培実証し、「こういう農法ならできます」という栽培方法を作り上げ、周知拡大に努めて、一〇〇ヘクタールの栽培面積を確保することができました。JAさんには「コウノトリ育むお米生産部会」等を立ち上げていただき、堀田さんを中心にして有機栽培米の販売に取り組んでいただいていることに、たいへん感謝しております。

こういう取り組みが豊岡市全体、但馬、またコウノトリに関係する地域全体に広がっていけばいいな、という気を持ちながら、本日の結びとさせていただきます。

活動を盛り上げていくためのコツ

鷲谷　会場の方からご質問をお受けしようと思います。

質問者　新潟からまいりました。佐竹さんにはずいぶんお世話になっています。佐渡のトキの野生復帰がちょうど三年後に控えているのですが、なかなか盛り上がりません。農家を主体にしなければどうしようもないと思いますが、やはりそこに行き着くためには助っ人が必要ということは確かだろうと思います。行政の中では孤立してしまうでしょうし、農協としては本当に売れるのだろうかというところで、どうしても無理に前に出られないというお話もありましたが、やはり中心にあるのは農家だろうと思います。豊岡では、どういうふうに農家を盛り上げて、ここまで持ってきたのでしょうか。

佐竹　豊岡で環境創造型農業の学習会を始めたとき、「実は私は三〇年前からやっている」という人がおられました。ふだんは表に出てこられないですけれども、三〇年前に稲葉先生に教わったという人が、絶滅危惧種のようにおられたんです（笑）。おそらく佐渡にもいらっしゃると思います。そういう人にこの取り組みの前面に出てもらうと、みんな勇気が出るし輪が広がってくるので、そこにどう雰囲気を作るか、だと思います。

もう一つ、暇さんも実は定年帰農組です。農業は現役だけれど年金ももらえるという人が、農業と環境の両面を客観的に考えておられます。畷さんのような定年帰農組と役所との間で接点を作ることも一つじゃないかな、と思います。

宮垣　各自治体に核となる人をまず作る、それからその人を中心とした仲間、ネットワークを作るということが重要だと思います。そのネットワークを有機的につないでいただくのが、稲葉先生、岩渕先生、鷲谷先生みたいな存在です。いろいろ支えてくれる仏様みたいな人たちはたくさんおられますので、当たり前のことかもしれませんが、まずは核になる人と仲間を作っていくことが重要だと思います。

堀田　農協の立場から一つ言わせていただきます。豊岡で実際に盛り上がりが出てきたのは、放鳥する年ぐらいからだと思いますが、私どもの農協は、「この面積を目標に」といった目標はいっさい設定せず、「売れる人はとりあえず作ってくれ。残った米は一年の間に何とかがんばって売ろう」というような姿勢でやらせていただきました。「これだけ売れる見込みがあるから」といったものを踏まえた作付け依頼は、いっさいしていません。ドキドキしながら作付け面積を抱えたというのが、よかった点かと思います。やっぱり、販売の担当としては、ある程度背負うものがないと本気で売れないと思っています。

鷲谷　佐竹・宮垣流というものを考えますと、自ら楽しみつつ（笑）、お客をもてなし、多くの人を巻き込むというところなのではないかと思います。田んぼの生きもの調査もまさにそうで、楽しみながら今まであまり交流のなかった人たちがつながり合い、それによって田んぼの生き物のつながりもそれなりに守られていく土台ができていくのかと思います。

まだ言いたいことがたくさんあるかもしれませんけれど、時間になりましたので、これで公開座談会を終わりにさせていただきます。どうもありがとうございました。

あとがき

東京大学21世紀COE生物多様性生態系再生研究拠点は、二〇〇七年度でその五年度にわたる活動をいったん閉じることになります。私たちは、現場を重視し、現場の教育力を活かすことで、総合的な視野を持ち、社会の新しい課題に正面から向かい合うことのできる人材を養成することを重要な目標として活動してきました。この本とそのもととなった演習「生物多様性と農業」は、模索した答のうちの最も重要なものと言えるでしょう。環境研究と関連した大学、大学院の教育は、大学の中だけに閉じこもっていては決して完結することはありません。現場の教育力に頼ることが何にも増して重要ですが、そのためには、高い教育力を秘めた現場を見いだすこと、また、その活用を、関わり合う主体それぞれにとって得るところの大きい協働として実践することが重要です。

私たちは五年に満たない拠点の活動の中で、本書の執筆者の方々をはじめ、多くのかけがえのないカウンターパートの皆さんに恵まれました。それらの協働から私たちが得たものに対して、お返しできたものは今はわずかですが、このような関わり合いを契機として学んだ大学院生や若い研究者が、いずれ、研究において、あるいは社会的な実践において、自然共生社会の構築に少なからず貢献してくれることが、お世話になったすべての皆様への最大のお返しになるのではないかと思います。

私たち研究グループは、この分野の研究をさらに発展させるために、学術面でも実践においても、いっそう広範な領域に協働の輪を広げたいと考えています。既存の学問の壁を越え、現場での活動を通じて新しい時代を切り開く、協働を旨とする研究スタイルをより確実なものとするうえでも、本書で紹介されたような素晴らしい現場を大切にしていきたいと考えています。

本書を編むにあたって、執筆者の皆様はもとより、シンポジウムでの座談会の様子の収録をご快諾いただきました全農総合企画部ＳＲ推進事務局長の原耕造さまをはじめ、多くの方たちのお世話になりました。

また、東京大学特任研究員の菊池玲奈さん、地人書館の塩坂比奈子さんには、本書の企画・編集を通じて多大なご協力を得ました。本書がこのような形で出版できたのは、執筆者の皆様とお二人のご尽力のおかげです。この場を借りて厚くお礼を申し上げます。

二〇〇七年九月

鷲谷いづみ

索　引

編者紹介

鷲谷いづみ（わしたに・いづみ）

1950年、東京生まれ。東京大学理学部卒業、東京大学大学院理学系研究科修了（理学博士）。筑波大学講師、筑波大学助教授を経て、2000年より東京大学大学院農学生命科学研究科教授（〜現在）。2005年より、第20期日本学術会議会員。専門は生態学、保全生態学（植物の生活史の進化、植物と昆虫の生物間相互作用、生物多様性保全および生態系修復のための生態学的研究など）で、現在は生物多様性農業と自然再生にかかわる幅広いテーマの研究にも取り組んでいる。

主な著書に『保全生態学入門—遺伝子から景観まで』（共著、文一総合出版、1996年）、『生態系を蘇らせる』（日本放送出版協会、2001年）、『タネはどこからきたか』（山と渓谷社、2002年）、『外来種ハンドブック』（監修、地人書館、2002年）、『自然再生—持続可能な生態系のために』（中央公論新社、2004年）、『天と地と人の間で—生態学から広がる世界』（岩波書店、2006年）、『サクラソウの目（第2版）—繁殖と保全の生態学』（地人書館、2006年）、『地域と環境が蘇る水田再生』（共編著、家の光協会、2006年）、『自然再生のための生物多様性モニタリング』（共編著、東京大学出版会、2007年）、などがある。

コウノトリの贈り物

生物多様性農業と自然共生社会をデザインする

◆

2007年11月30日　初版第1刷
2008年4月1日　初版第2刷

編著者　鷲谷いづみ
発行者　上條　宰
発行所　株式会社 地人書館
〒162-0835　東京都新宿区中町15
電話　03-3235-4422
FAX　03-3235-8984
郵便振替　00160-6-1532
URL　http://www.chijinshokan.co.jp/
e-mail　chijinshokan@nifty.com

◆

編集協力　村田　央
印刷所　モリモト印刷
製本所　イマヰ製本

◆

ISBN978-4-8052-0791-8 C0045

●好評既刊

これだけは知っておきたい 人獣共通感染症 ヒトと動物がよりよい関係を築くために

神山恒夫 著

A5判／一六〇頁／本体一八〇〇円(税別)

近年，BSEやSARS，鳥インフルエンザなど，動物から人間にうつる病気「人獣共通感染症（動物由来感染症）」が頻発している．なぜこれら感染症が急増してきたのか，病原体は何か，どういう病気が何の動物からどんなルートで感染し，その伝播を防ぐためにどう対処したらよいのか．最新の話題と共にわかりやすく解説する．

これだけは知っておきたい 日本の家ねずみ問題

矢部辰男 著

A5判／一七六頁／本体一八〇〇円(税別)

クマネズミ，ドブネズミ等の“家ねずみ”は人間の家に居候をする習性を持つ．よって彼らは世界中に分布を広げることができた．しかし，ネズミによる被害は甚大で，特に養鶏業では飼料や鶏卵などの食害に，サルモネラ症の媒介も心配される．ネズミに寄生するペストノミが全国の港湾で見つかり，ペスト侵入も危惧される．

狂犬病再侵入 日本国内における感染と発症のシミュレーション

神山恒夫 著

A5判／一八四頁／本体二二〇〇円(税別)

2006年11月，帰国後に狂犬病を発症する患者が相次いだ．狂犬病は世界で年間約5万人が死亡し，発症後の致死率100%．今，この感染症は国内にはないが，再発生は時間の問題だ．本書は海外での実例を日本の現状に当てはめた10例の再発生のシミュレーションを提示し，狂犬病対策の再構築を訴え，一般市民に自覚と警告を促す．

ミジンコ先生の水環境ゼミ 生態学から環境問題を視る

花里孝幸 著

四六判／二七二頁／本体二〇〇〇円(税別)

ミジンコなどの小さなプランクトンたちを中心とした，生き物と生き物の間の食う-食われる関係や競争関係などの生物間相互作用を介して，水質など物理化学的環境が変化し，またそれが生き物に影響を及ぼし，水環境が作られる．こうした総合的な視点から，富栄養化や有害化学物質汚染などの水環境問題の解決法を探る．

●ご注文は全国の書店、あるいは直接小社まで

㈱地人書館　〒162-0835 東京都新宿区中町15　TEL 03-3235-4422　FAX 03-3235-8984
E-mail=chijinshokan@nifty.com　URL=http://www.chijinshokan.co.jp